機械材料實驗

雷添壽・林本源・溫東成　編著

全華圖書股份有限公司

編者的話

　　本書是由「機械工程實驗(一)」改編而成，章節順序是筆者依據二十多年教學經驗及考量各校的實驗設備狀況所彙整編排的。全書共十九章，第一至第九章的緒論和八個實驗單元可作為一學期課程的基礎實驗項目，使學生熟悉材料性質測試的原理架構和儀器設備的操作技能；內容計有：拉伸、勃氏硬度、洛氏硬度、衝擊、疲勞、火花、熱處理與金相顯微鏡等試驗。其餘章節則可個別選用作為進階實驗項目；包括有：結合壓縮、彎曲與剪斷三測試項目的靜態機械試驗、維氏硬度、蕭氏硬度、磨耗、硬化能、破裂韌性、非破壞、掃描式電子顯微鏡、恆溫處理及表面硬化處理等試驗。除可供大學校院的教學外，也可作為相關從業人員的參考。

　　本書的每項實驗單元均清楚敘述實驗目的、實驗設備、實驗原理及實驗步驟，以方便同學的學習和理解；所附的實驗結果和記錄用表格可引導學生做實驗數據的整理與解讀以奠定撰寫實驗報告的能力；問題與討論則引領學生作思考判斷以對實驗作深入了解；進一步閱讀的資料則彙整和個別試驗有關的規範。

　　本書的完成承蒙全華圖書公司機械編輯部的鼎力協助，方得以如期出版，謹致以最高謝忱。筆者編著本書雖力求審慎，並經細心討論校對，但疏漏錯誤之處在所難免，尚請各專家讀者不吝惠予指正，不勝感激。

雷添壽　台灣科技大學機械系
林本源　黎明技術學院機械系
溫東成　中華科技大學機械系
謹識

編輯部序

「系統編輯」是我們的編輯方針，我們所提供給您的，絕不只是一本書，而是關於這門學問的所有知識，它們由淺入深，循序漸進。

本書內容經作者精心編排；第一至第九章的緒論和八個實驗單元可作為一學期課程的基礎實驗項目，使學生熟悉機械工程實驗的原理架構和儀器設備的操作技能，其餘章節則可個別選用作為進階實驗項目。

本書依學習之要點，循序漸進，除可作為大學、科大機械系「機械工程實驗」、「機械材料實驗」課程使用外，亦可作為相關從業人員參考用書。

若您對此書有寶貴意見，歡迎來函連繫，我們將竭誠為您服務。

目　錄

第 19 章　表面硬化處理......................... 19-1

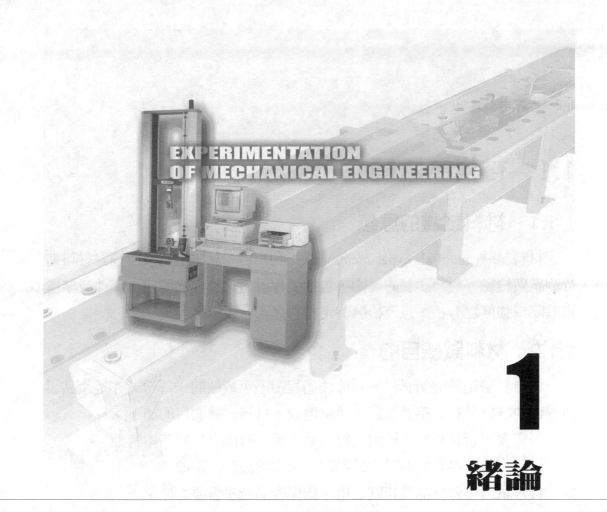

EXPERIMENTATION
OF MECHANICAL ENGINEERING

1

緒論

1.1　材料試驗簡介

1.1.1　材料試驗的意義

　　材料試驗(materials experiments)，係指利用各種試驗儀器及設備對材料進行測試與檢驗。材料試驗的範圍，包括工程材料之特性的測定，機件或結構物缺陷或強度之分析，以及檢驗特定材料是否合乎標準等。

1.1.2　材料試驗目的

　　材料試驗是研發新材料、新機件過程中不可或缺的一部份，亦是產品製造過程中維持品質的重要工具。明確地說，材料試驗的目的如下：

1.　研究發展新材料時，經由材料試驗，獲得有關之材料基本特性。
2.　材料試驗所得到的各種性質參數，可作為設計之根據。
3.　材料試驗可做為品質管制之用，確保產品合乎需要之標準。

1.1.3　材料試驗分類

1.1.3.1　依試驗原理

一、機械試驗

　　利用機械方式加外力於試件上，以獲知材料受外加應力時，其形狀改變的特性。有關這類試驗諸如拉伸、硬度、衝擊、疲勞、壓縮、彎曲、剪斷、磨耗等等皆是。這類試驗簡稱材料機械性質試驗，亦為本階段材料試驗的主要內容。

二、物理試驗

　　利用光學、熱學、電學、聲學等物理原理來判定材料之各種物理特性。這類試驗有金相試驗、電子顯微鏡觀察、X 光繞射試驗、以及彈性係數、比熱、導電係數、導熱係數等的試驗。本書著重介紹金相光學顯微鏡試驗與掃描式電子顯微鏡之試驗。

三、化學試驗

　　係用來分析材料所含之化學成份或抵抗腐蝕的特性。這類試驗有化學成份的滴定試驗，材料之抗腐蝕性能測試、測驗電鍍表面品質之鹽霧試驗等。分光儀分析雖然是用以測定金屬材料的化學成份，但係利用原子特性波長而進行的；又火花試驗也可用以鑑定碳鋼或合金鋼的種類，但祇能是定性上的分析而已。

1.1.3.2　依材料被破壞的程度來分類

一、破壞性試驗

　　靜態試驗：拉伸、彎曲、壓縮、剪斷、扭轉、潛變等試驗。
　　動態試驗：衝擊、疲勞、破壞韌性等試驗。
　　其他工業試驗：磨耗、切削等試驗。

二、局部破壞性試驗

　　硬度試驗：壓痕、反跳、刮痕等硬度試驗。
　　火花試驗。

三、非破壞性試驗

　　機械性試驗：表面粗度、彈性係數、表面缺陷等試驗。

　　物理性試驗：超音波探傷法、磁粉探傷法、液滲探傷法、X 光射線、γ 射線、β 射線檢驗等。

　　化學性試驗：微量成分分析等。

　　本書目標為大專工科學校及工業界材料試驗使用，全書分為基礎篇及進階篇兩大部份。在基礎篇的部份，計有拉伸試驗、勃氏硬度試驗、洛氏硬度試驗、衝擊試驗、疲勞試驗、火花試驗、熱處理、金相顯微鏡試驗等。在進階篇部份，計有包含壓縮、彎曲、剪斷等試驗的靜態機械試驗、維氏硬度試驗、蕭氏硬度試驗、磨耗試驗、硬化能試驗、破裂韌性試驗、非破壞試驗(包含液滲、磁粉、渦電流等探傷法)、掃瞄式電子顯微鏡試驗、恆溫處理、表面硬化等。

1.1.4　材料試驗規範

　　材料試驗規範是當材料試驗時，用來作為依據的統一準則，規範中通常包括有試片型式與大小、試驗基本原理、試驗參數的計算、試驗注意事項及試驗程序等。常用有下列幾種：

1.　中國國家標準(Chinese National Standards，CNS)。
2.　美國材料試驗學會(American Society for Testing and Materials，ASTM)。
3.　美國鋼鐵學會(American Iron & Steel Institute，AISI)。
4.　日本工業標準(Japanese Industrial Standards，JIS)。
5.　美國汽車工程學會(Society Automotive Engineering，SAE)。

　　除了上述五種外，如英國國家標準(BS)，德國工業標準(DIN)也是有名的標準規範。標準與標準之間會存在一些差異，而這些差異可能會導致不同的規定，進而影響到對材料性能的認定。國際標準化組織(International Standardization Organization，ISO)在調和各國標準後，亦發行一套全球通用的標準。

1.1.5　材料試驗程序

為達到教學成效，建議試驗程序如下：

一、工作分配

試驗前將學生分成若干小組，每組人數視設備多寡及空間大小而定，一般以 3～6 人為宜。每小組中成員皆須輪流操作、執行各項任務，例如一組 3 人的試驗工作分配如下：

1. 實驗數據記錄員：記錄所有數據並擔任小組長任務，負責指揮試驗之進行。
2. 儀器操作員：先得熟練儀器操作程序，負責操作試驗儀器。
3. 觀察員：負責核對儀表、讀取數據以供記錄，並注意儀器操作之安全性，以防止負荷過量或不良操作方法。

二、試驗原理之瞭解

試驗中所應用之材料科學及工程原理必須瞭解清楚，若利用材料力學公式來計算材料參數，則要熟習這些公式的運用。

三、儀器的操作要領

儀器之操作程序必需正確無誤，並且注意其性能極限。材料試驗儀器皆為貴重儀器，進行實驗時必須愛惜使用，若有任何疑問要馬上報告指導教師或技術員，絕不可擅自嘗試，以免發生儀器損壞及人員傷害的事故。

四、觀察態度

材料試驗皆採直接試驗，必需仔細觀察試驗過程並詳載獲得數據，並且仔細觀察試片形狀的改變。

1.2　材料實驗室的安全與衛生

清潔舒適而且安全的環境，不但是每一位使用實驗室人員所追求的理想，而且也是維護人員健康及生命財產安全的必要條件。然而要建立一安全舒適的環境並非只是管理人員或任課教師的責任，而是全體實驗室使用人員均要對安全衛生相關的工作都有正確的體認，同時能確實遵守實驗室的管理規則，以及儀器的操作使用規則

一、材料實驗室潛在危害的認識

危害(hazard)是指具有損害人類生命、健康、財產或環境的物理或化學狀態。材料實驗室中有許多地方存有潛在危害，依危害特性分別舉例說明如下：

1.　物理性危害

如萬能試驗機、疲勞試驗機及衝擊試驗機等機械性質試驗設備所造成之壓傷、撞擊等傷害。熱處理爐或液態氮儲存桶所造成的燒傷或凍傷。材料切割工具，拋光研磨工具所造成之割裂傷。儀器設備絕緣不良所造成的電擊，以及 X-ray 探傷儀或電子顯微鏡等所造成的輻射傷害等。

2.　化學性危害

金相實驗室中所用硝酸、氟酸、鹽酸、苛性鈉等試片浸蝕藥劑所造成的腐蝕傷害。暗房中沖洗底片或相片所用顯像劑、定影劑等雖然沒什麼毒性，但吞食後也可能對人體內部造成傷害；或是接觸到眼睛時，會使眼睛刺痛等。

二、材料實驗室安全衛生管理

有效的控制及預防危害，才能確保實驗室教學及研究工作的進行。落實安全衛生工作，應該是實驗室管理的主要課題。

1. 硬體設施安全衛生管理
    (1) 實驗室地板的材質，應考慮防止水或油滲透，容易保持清潔，以及不容易滑倒等因素。
    (2) 充份的照明與採光。
    (3) 配置消防器材。
    (4) 適當的溫度與濕度。
    (5) 良好的通風排氣系統。
    (6) 實驗室應有二處出口，門應向外側推開。
    (7) 主要設備應有足夠的間隔距離，以供人員在操作時身後仍有足夠的安全寬度通過。
    (8) 氣體鋼瓶應固定並注意防爆性。
    (9) 電源勿過度集中超過負荷，儀器設備須有接地線。

2. 人員安全衛生管理
    (1) 急救藥品及器材之準備。
    (2) 危險物及有害物加以標示。
    (3) 經常性的安全檢查，以確保實驗設備的性能，及杜絕潛在的危險。

三、材料實驗室人員安全衛生守則

　　在實驗室中，雖可透過各項安全衛生硬體設施來改善實驗室的危害因子，但操作實驗的是人，所以實驗室工作者對安全的態度是影響安全的最重要因素。茲就材料實驗室中個人必須注意之安全事項，列出如下所示。

1. 實驗室內禁止跑步嬉鬧、進食及從事與實驗無關的活動。
2. 實驗室應保持整潔，地板應無油污、水或其他易致滑跌之物質。
3. 實驗室內禁止抽煙。
4. 食物不得與試藥儲存於一般冰箱或冷藏室。

5. 操作實驗時不可穿涼鞋、拖鞋或短褲。

6. 若操作試樣有濺出或噴出之可能，宜配戴安全眼鏡；處理粉末試藥應配戴防塵口罩；處理有機試劑，應配戴防毒面罩，並選擇合宜的濾罐。

7. 工作前後務必洗手。

8. 操作揮發性有機溶劑、危險性及毒性、可燃性或有刺激性蒸汽產生之化學品，應於抽氣櫃內進行。

9. 使用移液吸管時，須用安全吸球，禁止用口吸。

10. 操作高溫、高壓或有輻射危險之實驗時，應使用安全遮板或安全防護罩。

11. 設備、儀器使用前應詳讀操作手冊，並按正常程序操作，結束後務必關閉所有開關。

12. 非經許可，不得擅自操作各項設備。

13. 不可用沾濕的手操作電氣設備。

14. 危險化學品應儲存於安全容器中；高揮發性、易燃性或毒性化學品應置於低溫，通風良好處。

15. 認清並牢記實驗室內最近的滅火器、急救箱的位置，並熟知使用方法。

16. 避免單獨一人於實驗室操作危險實驗。

17. 操作危險實驗時，應於門口懸掛警示牌，非工作人員不得任意闖入。

18. 對可安全離開無需看管之儀器設施，均應加上操作中之標示，並應標示如何關機之詳細步驟，及註明緊急情況之處置措施及聯絡人電話。

19. 被化學藥品濺潑時，應立即用水沖洗至少十五分鐘以上，並送醫治療。

20. 化學藥品應妥善管理，使用過之藥品應依規定處理，不得任意棄置或倒入水槽。

21. 實驗結束後應檢查水電是否關閉，不必繼續開啟之儀器設備，應予以關閉以策安全。

1.3　實驗報告的撰寫

　　一個實驗所涵蓋的意義遠比實驗者在實驗室所做的還多。每一個試驗項目的進行，除了訓練實驗者熟悉該試驗項目的特點外，尚包括訓練及培養對於試驗結果的分析比較，然後從中歸納出最重要的結果，最後也在訓練實驗者能整理出一份完整的報告。要求一份內容充實而格式適當的實驗報告是整個試驗過程中極為重要的一環。茲敘述及建議下列的報告內容及格式以作參考。

一、實驗報告的內容

　　一份實驗報告必須包括以下各部份：

1. 前言(Introduction)

   敘述該實驗的目的及背景。

2. 實驗原理(Theory)

   將實驗所牽涉到的學理做一簡短而適當地評述及整理。

3. 實驗方法(Experimental procedure)

   描述試驗過程中三大部份：

1. 實驗所使用儀器(含規格，名稱)。

2. 所用材料。

3. 實驗步驟及重要的細節等。

4. 結果及討論(Results and discussion)

   整理出試驗的數據(data)，根據數據的特性做檢討。比較各數據間的相關性，並與原理做一比較，以探討結果的正確性。如果有不合理的數據，則探討導致誤差的原因，進而檢討出改進試驗的建議。可參考本書各試驗項目章節中所列之"問題討論"內容，一併探討。

5. 結論(Summary)

將結果和討論所得到的明確事實結果,以明確的方式做出簡明的敘述。這可提供閱讀報告者一精簡的印象,這對一份科技性的報告而言是很重要的。應該注意實驗過程中所得到的情感上的感慨,並不能構成結論的一部份。

6. 附錄(Appendix)

可包括下列各項:

(1) 試驗時參考資料。

(2) 試驗曲線與記錄表。

(3) 試驗所得照片。

(4) 其他。

二、實驗報告的格式

1. 實驗報告的封面格式:封面的格式可參考下圖。

機械材料實驗報告

實驗名稱：

實驗日期：　　　　年　　　　月　　　　日

實驗報告人：<u>班　　　級</u>　　<u>姓　　名</u>　　<u>學　　　號</u>

同組實驗人：<u>　　　　　</u>　　<u>　　　　</u>　　<u>　　　　　</u>

　　　　　　<u>　　　　　</u>　　<u>　　　　</u>　　<u>　　　　　</u>

報告完成日期：　　　　年　　　　月　　　　日

2. 報告紙的大小：實驗報告紙應採用 297mm×210mm 的標準 A4 紙，或採用學校統一印刷的實驗報告紙。

3. 文字以藍色或黑色筆書寫，或利用電腦繕打。圖形及曲線基本上也以藍、黑色爲宜，在複雜的標示下可採用它種顏色標註。圖形曲線也可選擇適當之電腦軟體繪製。

4. 繪畫曲線圖時，其座標軸及座標必須標示清楚，利用方格紙或繪圖用電腦軟體是好的方式。

5. 每一張圖及表，都必須有圖號、表號及描述該圖表的文字敘述。這可參考本書後面各章的處理方式。

6. 使用標準紙時，上下端及左邊至少留下 3 公分的空白，右邊則留下 2 公分左右的空白。採用實驗紙時，四邊留出空白的要求也一樣要遵行。

7. 字體大小適中(14dpi)，寫一行空一行。

8. 實驗報告除封面外，必須連續標出頁數，以阿拉伯數字爲準，可標在紙張的右上角或底邊的中央位置。標在右上角的頁數，可採用以下任何一種如 PP3、P3、3、(3)、page3。但必須一致。如果標在底邊中央則以 3 或(3)爲適當

9. 實驗報告要裝訂在一起。裝訂位置，以在左上角斜訂一處，或在左邊直訂二至三處爲原則。

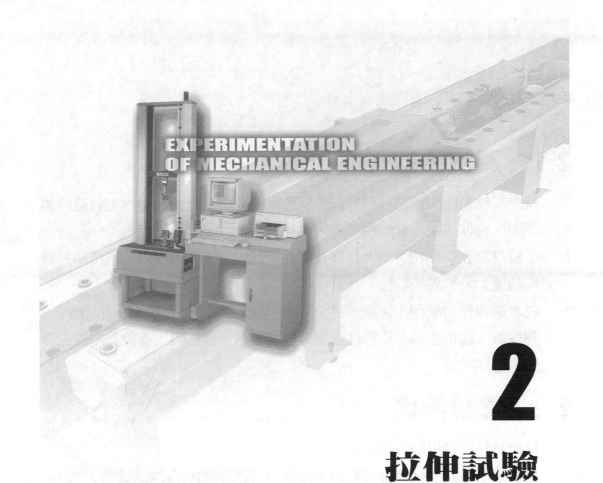

EXPERIMENTATION
OF MECHANICAL ENGINEERING

2

拉伸試驗

2.1 實驗目的

拉伸試驗是用來測試材料在靜止狀態承受荷重或受到緩慢增加負荷時的抵抗能力。拉伸試驗的目的有下列幾點：

1. 了解材料在受到拉力時，材料在彈性範圍內及塑性範圍內，抵抗伸長變形的能力及斷裂的特性。

2. 從實驗過程中學習如何測定抗拉強度、降伏強度、伸長率、斷面收縮率、彈性限、比例極限、及彈性係數等性質參數，以做為工程設計或研究發展的基本數據。

2.2 實驗設備

拉伸試驗所需用到的儀器設備：

1. 萬能試驗機(10～30噸)。圖2.1為個人電腦控制油壓萬能試驗機的照片。

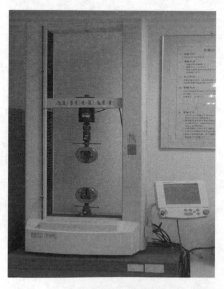

圖2.1 個人電腦控制油壓萬能試驗機

2. 伸長計或應變規。

3. 游標卡尺及高度規。

4. 平頭及尖頭分釐卡。

5. 中心沖。

6. V型塊。

7. 奇異筆。

2.3　實驗原理

材料受到任何拉力時都會伸長變形，如圖 2.2 所示。基本上伸長量△L 的變化隨 P 之增加而增大，但是也受材料的長度及截面積的影響。在相同的拉伸力之下，材料的截面積愈大則伸長量愈小，而材料的長度愈長則變形伸長量愈大。

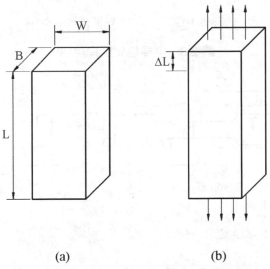

(a)　　　　　　　(b)

圖 2.2　材料受拉力伸長變形的示意圖

一、拉伸試片

　　為求測試數據的一致性，除了一些非常特殊的情況以外，在拉伸試驗中，材料試片的形狀及尺寸都有一定規格，以供工業界採用。經濟部中央標準檢驗局訂定的中國國家標準，編訂了一系列標準試片的形狀及尺寸，圖 2.3 及圖 2.4 是兩種常用試棒的形狀及尺寸。一是圓棒試桿，一是片狀試片的規格。以圓棒試桿為例，未受力時的標距 L = 50mm，直徑 D = 12.5mm，所相當的截面積 A = 122.7mm^2。

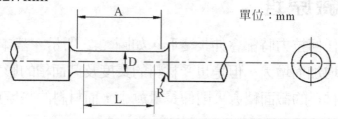

L–標距50.0±0.10　　　　D–直徑12.5±0.25
R–內圓角半徑＞10　　　　A–減縮段長＞60

圖 2.3　圓棒拉伸試桿規格

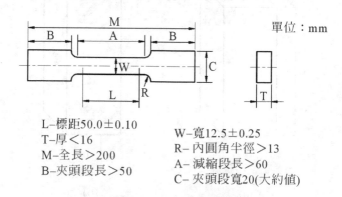

L–標距50.0±0.10
T–厚＜16　　　　　　　W–寬12.5±0.25
M–全長＞200　　　　　　R–內圓角半徑＞13
B–夾頭段長＞50　　　　　A–減縮段長＞60
　　　　　　　　　　　　C–夾頭段寬20(大約值)

圖 2.4　板狀拉伸試片的規格

二、工程應力與工程應變

　　拉伸試驗裝置示意圖如 2.5 所示。將已準備好的試片以夾頭夾緊，在移動夾頭座時，試片會受到單一方向之負荷，逐漸地增加負荷，直到試片斷裂為止。

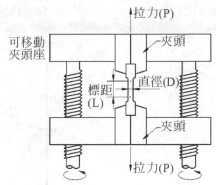

圖 2.5　拉伸試驗裝置示意圖

　　做拉伸試驗時，記錄下拉力與伸長之間的關係，再將之做適當的數值處理而得到工程應力－工程應變曲線這是實驗的中心。以拉力 P 除以試片截面積 A 得到工程應力，伸長量△L 除以標距 L 得到工程應變。工程應力及工程應變的定義公式為：

$$\text{工程應力} = \frac{\text{外加拉力}}{\text{原始截面積}} = \frac{P}{A} \tag{2.1}$$

$$\text{工程應變} = \frac{\text{伸長量}}{\text{標距原始長度}} = \frac{\Delta L}{L} = \frac{L' - L}{L} \tag{2.2}$$

　　圖 2.6(a)是球狀石墨鑄鐵的圓形試棒(實際尺寸 D = 12.62mm，A = 125.0 mm²)拉伸試驗的拉力與伸長量的關係曲線，試驗過程中，伸長的記錄是以 MTS Mode 632 12-20 的伸長計(extensometer)夾在試桿上，並以 40 倍的放大

倍率記錄下來的。所以在求工程應力時，只要將拉力除以 A = 125 mm² 便可，但求工程應變時，則必須將伸長除以 40 求得實際伸長後再除以 L = 50mm。圖 2.6(b)是所得到的工程應力－工程應變曲線。為了方便地說明其中的各種關係及特性起見，人為地在圖 2.6 的曲線上標註不同的符號。

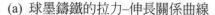

(a) 球墨鑄鐵的拉力–伸長關係曲線

(b) 球墨鑄鐵的應力–應變關係曲線

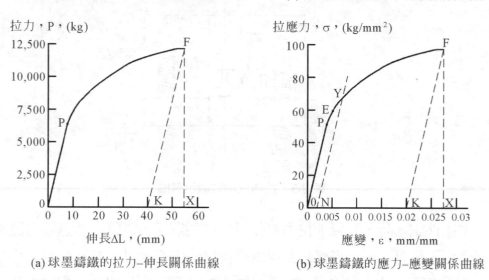

(a) 球墨鑄鐵的拉力–伸長關係曲線　　　(b) 球墨鑄鐵的應力–應變關係曲線

圖 2.6　球墨鑄鐵的拉伸試驗

三、抗拉強度

從圖 2.6(a)的 F 點可以看出試棒是在拉力為 11750kgf 時拉斷的，相當於工程應力為 94kgf/mm² 時，這是這種材料所能承受的最大拉應力，稱為抗拉強度(Tensile strength or ultimate strength)。

四、彈性係數、比例極限、以及彈性限

圖 2.6 中的 OP 線段是材料受拉力的初期，應力與應變呈直線關係。工程上習稱這種直線關係爲虎克定律：

$$\sigma = E \cdot \varepsilon \tag{2.3}$$

　　σ：工程應力
　　ε：工程應變
　　E：彈性係數

從圖 2.6(b)可以直接算出材料的彈性係數。在 P 點的應力是 50 kgf/mm²，而應變則爲 0.0037mm/mm，由公式(4.3)，可得 E=13,500 kgf/mm²。P 點就被稱爲比例極限。在 P 的上方有一 E 點，它代表材料如果受力超過這一點以後，即使將拉力放開，材料也無法完全恢復到原來的長度，因之被稱爲材料的彈性限。在一般的材料拉伸試驗中由於儀器的靈敏度不夠，而無法正確的量測出比例極限及彈性限。事實上，要準確地量出材料的彈性限及比例極限，所用伸長計的放大倍率必須在 500 倍左右才夠。

五、降伏強度

材料的彈性限，在工程設計上是一重要的參數，但是由於量測的不易，因之以降伏強度來代替彈性限，以供設計上的使用。以圖 2.6(b)來說，降伏強度是以橫軸上應變爲 0.2%(即 0.002mm/mm)爲原點畫平行於 OP 的直線交曲線於 Y 點而得，用此種方法得到的強伏強度稱爲 0.2%偏移降伏強度(0.2% off-set yield strength)。由圖得 σ_{YS}=72kgf/mm²。

材料的降伏強度並不完全都用 0.2%偏移法得到。圖 2.7 是圓棒軟鋼的拉力—伸長曲線。試驗時並沒有利用伸長計，而是整個夾頭座(參考圖 2.5)的移動，以 1:4 的方式記錄下伸長。可以看出曲線本身並不平滑而在 UYP(upper yield point)及 LYP(lower yield point)處有很大轉折。這與圖 2.6 的平滑曲線有很大的不同。從更精細的試驗中，可以發現軟鋼在受力超過 UYP 點後，便會產生塑性變形，而須要使材料保持繼續塑變的拉力卻會突然下降，並保持在一小範圍內使材料伸長。UYP 及 LYP 分別稱為上降伏點及下降伏點，其相當的工程應力值稱為上降伏強度及下降伏強度。下降伏強度是工程設計上常用到的一種材料性質參數。

圖 2.7 的 M 點是軟鋼所能承受的最大拉力，其相當的工程應力值稱為抗拉強度。至於 F 點則是材料斷裂瞬間所承受的拉力，其相當的工程應力則稱為裂斷強度(rupture strength)。

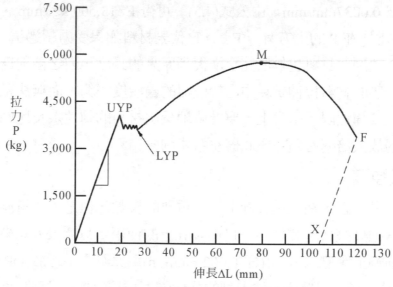

圖 2.7　軟鋼的拉力—伸長曲線

六、伸長率、斷面收縮率

　　由圖 2.6(a)所示，試棒剛拉斷時，圖中的 X 點可看出是 54mm，除以放大倍數 40 後得到實際伸長 1.35mm，再除以標距 50mm 得到工程應變爲 0.027mm/mm(或 2.7%)，這也可從 2.6(b)的 X 點量出。材料在被拉斷後，由於外加拉力完全消失，彈性變形的部份也會隨之而消失，因此拉斷後眞正的伸長應該是在圖 2.6 中的 K 點而不是 X 點。K 點的求得是從 F 點畫一平行於 OP 的直線與橫軸相交而得，從做圖可求得拉斷後的工程應變是 0.02mm/mm(或 2%)，稱之爲伸長率。伸長率的高低是代表材料受拉力時塑形變性能力好壞的量測。伸長率愈高，塑變能力愈好，材料愈具有延性，反之則(延性愈差)愈脆。而圖 2.7 中的曲線，由於試驗時，並沒有用伸長計，所以伸長的紀錄是代表整個試桿夾在頭座的伸長，所以此數值並不準確，如果利用來計算彈性係數及伸長率，會有很大的誤差。例如從圖 2.7 計算出來的 E ≒900 kgf/mm²，是實際軟鋼彈性係數 21000 kgf/mm² 的 23 分之 1。這表示試驗開始時，夾頭與試片中間有滑動，造成虛假的伸長記錄。類似地，由圖 2.7 計算出來的伸長率是 $EG = \dfrac{102}{4} \times \dfrac{1}{50} = 0.51$ mm / mm = 51%。可是在試片上所釘的 L = 50mm 標點間的實際伸長，也就是將裂斷的兩半試片對齊後再用游標卡尺量測的結果祇是 70.9 − 50 = 20.9mm，或者相當於 41.8%的伸長率。由此可知，未加伸長計的拉力—伸長記錄是不適用於伸長率及彈性係數的計算，伸長率的計算，應以試驗後的標點距離與原始標點距離的差(L_f −L)除以原始標點距離 L 得到，

$$\text{伸長率(\%)} = \frac{\text{試驗前後的標距差}}{\text{原始標點距離}} \times 100\% = \frac{L_f - L}{L} \times 100\% \qquad (2.4)$$

在比較圖 2.6 與 2.7 的拉力―伸長曲線時,可以發現另一不同處,軟鋼的曲線在拉力達到最高點之後,竟然會下降到 F 點才斷裂。如果仔細觀察比照拉力―伸長曲線及材料伸長變形之間的關連時,很容易觀察到,軟鋼試桿在受力被拉到 M 點時,試棒標距間的截面積都很平整一致。可是當曲線在到達最高 M 點後,在試棒的標距內某一點,截面積的減小會特別顯著。這種截面積減小的現象,稱為頸縮(necking),會持續到斷裂。圖 2.8 是軟鋼及球狀石墨鑄鐵拉斷後試桿的斷口特徵的示意圖。從圖中可看出軟鋼有顯著的頸縮現象而鑄鐵則無。頸縮得愈多,則定性地代表延性愈好。定量上,可以用斷面收縮率(area reduction)來代表延性的好壞。斷面收縮率的計算,以試驗前試片之原始截面積 A,試驗後最小截面積 A_f 的差,除以原始截面積 A 後得到。

$$斷面收縮率(\%) = \frac{原始截面積 - 斷面最小截面積}{原始截面積} \times 100\%$$

(2.5)

$$= \frac{A - A_f}{A} \times 100\%$$

軟鋼的斷口特徵,因為呈杯―錐的配對,故又稱為杯―錐(cup-cone)斷口。至於鑄鐵斷口四週則相當平整,故可看出延性並不如軟鋼好。

七、單位

有許多不同單位被用來表示拉伸試驗的結果,最常用來表示抗拉強度、降服強度等應力(stress)的單位有,MPa、kgf/mm^2、psi 等,其關係如下:

$$1 \text{ MPa} = 10^6 \text{ N/m}^2$$
$$1 \text{ psi} = 1 \text{ lb/in}^2$$
$$1 \text{ MPa} = 145 \text{ psi}$$
$$1 \text{ kgf/mm}^2 = 9.8 \text{ MPa} \text{。}$$

　　表示伸長率、斷面收縮等應變(Strain)則爲無因次的單位，通常以百分比
"%" 表示。也可以如下方式表示：

milimeter/ millimeter
meter/meter
inch/inch
$milimeter^2$/ $milimeter^2$

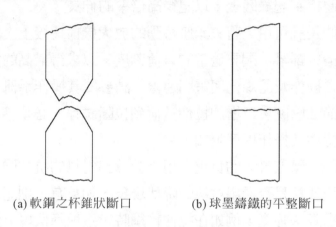

(a) 軟鋼之杯錐狀斷口　　　　　(b) 球墨鑄鐵的平整斷口

圖 2.8　斷口特徵

2.4　實驗步驟

1. 選取厚度或直徑適當的金屬板材或棒材數種，可以包括高碳鋼、中碳鋼、
   低碳鋼、鋁合金、銅合金、或球墨鑄鐵等。並車製成拉伸試桿如圖 2.3
   或 2.4 所示。

2. 用分厘卡，在試桿的標距上量取三處的直徑，分別計算出三處的截面積
   後取平均值，做爲該試桿的截面積。

3. 以奇異墨水塗繪在試片上，利用高度規及 V 型塊，量畫出標點，並用尖頭沖，在兩標點上各沖打一個凹點，以作爲從試片上量測伸長率的依據。

4. 選用適當的夾頭，將試桿裝上萬能試驗機，並注意試桿是否眞正垂直，先將試桿的上端夾緊，再移動下夾頭座，將試桿下端夾緊。

5. 如果萬能試驗機配備有伸長計，則將之夾緊在試桿的平行部位。並將連接電路線連接到記錄儀上，以記錄高倍率的伸長。

6. 如果沒有伸長計可用，將夾頭座移動的放大機構連接上，將負荷刻度盤上的被動指針歸零，調整適當的負荷刻度，以求得最高的靈敏度。若萬能試驗機之操作及記錄已與電腦連線，請參閱其操作手冊。

7. 慢慢地調節油壓閥，以增加拉伸負荷到拉斷試桿。必須參考每一部萬能試驗機的特性及操作程序須知。

8. 試桿拉斷後，讀取最大的負重，用之計算出材料的抗拉強度。在拉伸過程中，必須注意是否顯出材料的降伏現象，如果有，則記錄下其負荷並加以計算出降伏強度，例如在拉伸軟鋼時，這種降伏現象就會很明顯。

9. 將拉斷的試桿取下，先觀察其斷裂口附近的特徵。然後量測出斷口附近的最小直徑，以計算出斷面收縮率。將拉斷之試桿拼合在一起，量測兩標距凹孔間的距離，以計算該材料的伸長率。

10. 將利用伸長計所記錄下的拉力—伸長曲線圖，加以整理而成工程應力—工程應變曲線。從這應力—應變曲線圖上算出材料的彈性係數。並嘗試從該曲線上定出比例極限，彈性限及計算出降伏、抗拉強度、伸長率。

2.5 實驗結果與記錄

表 2.1 拉伸試驗結果記錄表

	試片編號	1	2	3	4	5
	材料種類					
直徑	試驗前 D_0 (mm)					
	試驗後 D_f (mm)					
斷面積	試驗前 A_0 (mm²)					
	試驗後 A_f (mm²)					
標距	試驗前 L_0 (mm)					
	試驗後 L_f (mm)					
抗拉強度	荷重 P_U (kgf)					
	抗拉強度 $\dfrac{P_U}{A_O}$ (kgf/mm²)					
伸長量	$L_f - L_0$ (mm)					
伸長率	$\dfrac{L_f - L_O}{L_O} \times 100\%$					
斷面收縮率	$\dfrac{A_O - A}{A_O} \times 100\%$					
降伏強度	荷重 P_y (kgf)					
	降伏強度 $\dfrac{P_y}{A_O}$ (kgf/mm²)					
	斷口之位置					
	斷口之特徵					

2.6　問題討論

1. 請將實驗所得數據與其他文獻資料上之數據做進一步的比較與討論。

2. 試將降伏點強度與伸長率或斷面收縮率間之關係以圖形方式表達之，並加以討論。

3. 試將抗拉強度與伸長率或斷面收縮率間之關係以圖形方式表達之，並加以討論。

4. 試件在正常情況下，斷口應產生於何處？其理由何在？

5. 何謂 0.2%偏移降伏強度？採用 0.2%之偏移理由爲何？請說明之。

6. 說明軟鋼拉伸試驗曲線之特性並討論 UYP 與 LYP 之特點。

7. 何種性質的材料在拉伸試驗時會產生頸縮(necking)現象，其斷口特徵爲何？理由何在。

8. 應力─應變曲線中，爲何常會發現有多處疑是降伏點。請配合試驗中觀察所得討論。

2.7　進一步閱讀的資料

1. CNS 2111 G2013　金屬材料拉伸試驗法。

2. CNS 2112 G2014　金屬材料拉伸試驗試片。

3. ASTM A370 Mechanical Testing of Steel Products.

4. ASTM E8　Tension Testing of Metallic Materials.

5. JIS Z 2201 Tension Test Pieces for Metallic Materials.

6. JIS Z 2241 Method of Tension Test for Metallic Materials.

7. ASM Handbook Volume 8: Mechanical Testing and Evaluation.

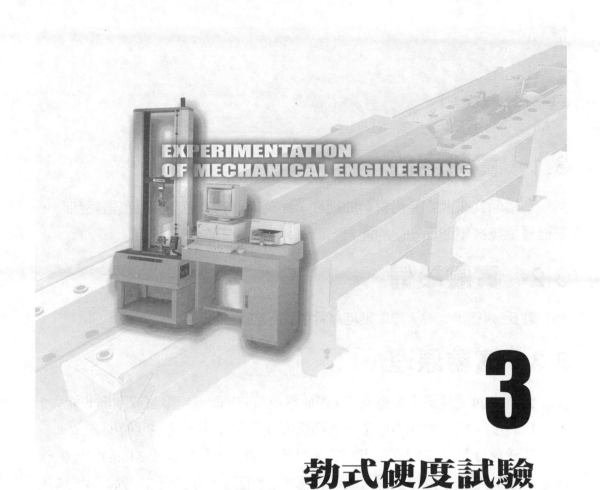

EXPERIMENTATION
OF MECHANICAL ENGINEERING

3

勃式硬度試驗

3.1 實驗目的

利用勃式來測定金屬材料的硬度，即測定材料表面受到壓痕器壓刺時，表面層抵抗被壓凹而塑變的能力。

3.2 實驗設備

勃氏硬度計一架，標準硬度試片數個，凹痕量測鏡。

3.3 實驗原理

材料表面受到集中力壓刮時，表面層抵抗它，而不起壓痕或刮傷的能力，稱之為硬度。抵抗的能力愈強，亦即壓痕或刮傷愈小，其硬度值則愈高。

莫氏硬度是最早的硬度表示法。是德國礦物學家，莫氏(Mohs)以天然礦石的硬度做為劃分依據：滑石的硬度為 1，岩鹽 2，方解石 3，氟石 4，燐灰石 5，長石 6，石英 7，黃玉 8，剛玉 9，鑽石 10。其中以鑽石硬度最高，可以在其他礦石上刻劃出刮痕而本身不受傷。這種莫氏硬度標至今仍然被珠寶工業所採用；勃氏硬度標是在測試材料受到壓痕器的集中力壓刺時，抵抗被壓凹的能力。壓凹的痕跡愈小，則材料的硬度愈高。

勃氏硬度計如圖 3.1 所示，是試驗材料抵抗被壓凹能力的一種極普遍儀器。其壓痕器採用直徑 5mm 或 10mm 的硬化鋼球或碳化鎢球，而壓力則可選用 500～3000kgf 等。

圖 3.1 勃氏硬度計

一、勃氏硬度(Brinell hardness number，BHN 或 HB)

勃氏硬度試驗的壓刺過程，如圖 3.2，壓痕器壓著在材料的時間是 30 秒，然後利用凹痕量測鏡將凹痕放大再量取直徑，如圖 3.3。採相互垂直的兩個數值的平均值作為凹痕直徑 d，代入公式 3.1 便可求得勃氏硬度。

$$\text{BHN 或 HB} = \frac{P}{A} = \frac{P}{\frac{\pi D}{2}(D - \sqrt{D^2 - d^2})} \tag{3.1}$$

P = 負重，kgf。
A = 凹痕的圓弧面積，mm^2。
D = 壓痕器所用的鋼球直徑，mm。
D = 壓痕平均直徑，mm。

附錄表一是利用公式 3.1 所列出壓痕直徑與勃氏硬度的對照表。

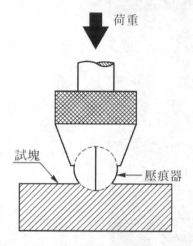

圖 3.2　勃氏硬度試驗的壓剌過程

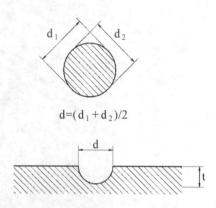

圖 3.3　勃氏硬度試驗壓痕直徑 d 測量

二、壓痕器的選擇

勃氏硬度計壓痕器為硬化鋼球(hardened steel ball)或碳化鎢球(tungsten carbide ball)，標準球的直徑是 10±0.005mm 其硬度則最小必須有 850HV 以上。若是硬化鋼球其量測之硬度範圍不得大於 444HB(荷重 3000kg，壓痕直徑 2.90mm)。因試件硬度過高，可能造成誤差和導至鋼球永久變形。若硬度值介於 444HB～627HB(2.9mm～2.45mm 壓痕直徑)之間的試件，則建議採用碳化鎢球。對於測試薄或小的試件，則可使用直徑為 5mm 的壓痕器，並選用較小的負荷。

三、荷重的選擇

在使用直徑為 10mm 的標準球壓痕時，荷重的選擇可依試件的厚度，量測面的尺寸以及凹痕的大小等因素，而選用 500kgf，1000kgf，1500kgf，2000kgf，2500kgf，3000kgf 等不同之荷重。但務必使凹痕直徑落在 2.6mm 至

6mm 之範圍內為適合。

　　若使用直徑異於 10mm 之壓痕器時，所施荷重 P 與直徑 D 之關係，必須近似標準球試驗之狀態，例如：$\dfrac{P}{D^2} = 30$，相當於用 10mm 標準球，荷重為 3000kgf 時之試驗。在使用 5mm 球時，所必須選用的荷重為 750kgf。採用 5mm 壓痕器時，也必須注意到適當的選擇荷重，使其凹痕直徑在 1mm 到 2.5mm 的範圍內為適合。

四、勃氏硬度的表示

1. 硬度之數值小於等於 50 時，算至小數點後第一位，大於 50 時算至個位數。

2. 硬度之數值上須附記試驗時之條件，但若壓痕器為 10mm 鋼球，荷重為 3000kgf 時，則可省略之。

　　例：鋼球直徑=10mm，荷重= 2500kgf，勃氏硬度值 92 時

　　　　HB(10/2500)92

　　例：鋼球直徑=10mm，荷重= 3000kgf，勃氏硬度值 92 時

　　　　HB 92

3.4　實驗步驟

1. 將不同金屬的材料切割成高度至少為 10mm，直徑或邊長至少 15mm 以上的試塊。這可以將拉伸試驗後試桿末端切割下備用。(採用材料如果與拉伸實驗所用的相同，則一個好處是可以進一步了解硬度與強度及伸長率之間的關係)。

2.　基本上，在量測鋼鐵材料的硬度時，使用 3000kgf 的負荷壓力，而量測非鐵合金時，則選用 500kgf 的壓力。測試後，壓痕的大小可以提供作爲判定壓力是否適當。壓痕大小以在 2.5～6.0mm 之間爲適宜(必須注意試片的邊長或直徑與壓痕直徑比應該大於 5)。如果顯示所用壓力太大應該改用較小的負荷。

3.　將切割好的試片以研磨用砂紙，將試片測試面磨平，以磨到#600 號爲準。

4.　利用凹痕量測鏡測量壓痕直徑 d，參照公式(3.1)計算出硬度值。每一種材料至少量取三個硬度值，以平均值做爲該材料的硬度。

3.5　實驗結果與記錄

表 3.1　勃氏硬度試驗記錄表

試件編號		1			2			3			4		
材料種類													
負重(kg)													
鋼球直徑(mm)													
試驗次數		1	2	3	1	2	3	1	2	3	1	2	3
壓痕直徑(mm)	d_1												
	d_2												
	$d = \dfrac{d_1 + d_2}{2}$												
勃氏硬度													
平均勃氏硬度													
備註													

3.6　問題討論

1. 勃氏硬度計適用於哪些材料？有哪些限制？
2. 同種材料用不同的荷重進行試驗，其勃氏硬度值是否相同？
3. 爲何勃氏硬度之壓痕器壓著材料上時間要 30 秒，方可移去負重？
4. 若你所採用之硬度試片與拉伸試桿同材料，請進一步探討勃式硬度與強度，延性之關係，並試繪出它們的關係曲線。
5. 若試驗材料除了以勃氏硬度計測試外，同時還有利用其他硬度計量測，請將各項硬度值列出來，並與硬度對照表上之關係做進一步比較，並討論之。

3.7　進一步閱讀的資料

1. CNS 2113 Z8002　勃氏硬度試驗法。
2. CNS 9472 B6077　勃氏硬度試驗機。
3. ASTM E10 Test Method for Brinell Hardness of Metallic Materials.
4. JIS Z 2243 Brinell Hardness Test -- Test method.
5. ASM Handbook Volume 8: Mechanical Testing and Evaluation.

3.8 附錄

附錄表一 鋼球直徑為 5 mm 之壓痕直徑與勃氏硬度值表

壓痕直徑 mm	HB (BHN)		壓痕直徑 mm	HB		壓痕直徑 mm	HB (BHN)		壓痕直徑 mm	HB (BHN)	
	750 kg	500 kg		750 kg	500 kg		750 kg	500 kg		750 kg	500 kg
1.2	653	435	1.45	444	296	1.7	320	213	1.95	241	160
1.21	642	428	1.46	438	292	1.71	316	211	1.96	238	159
1.22	631	421	1.47	432	288	1.72	312	208	1.97	236	157
1.23	621	414	1.48	426	284	1.73	309	206	1.98	233	155
1.24	611	407	1.49	420	280	1.74	305	203	1.99	231	154
1.25	601	400	1.5	414	276	1.75	301	201	2	228	152
1.26	591	394	1.51	409	272	1.76	298	198	2.01	226	150
1.27	582	388	1.52	403	269	1.77	294	196	2.02	224	149
1.28	573	382	1.53	398	265	1.78	291	194	2.03	221	147
1.29	564	376	1.54	392	261	1.79	288	192	2.04	219	146
1.3	555	370	1.55	387	258	1.8	284	189	2.05	217	144
1.31	546	364	1.56	382	255	1.81	281	187	2.06	215	143
1.32	538	358	1.57	377	251	1.82	278	185	2.07	212	141
1.33	530	353	1.58	372	248	1.83	275	183	2.08	210	140
1.34	522	348	1.59	367	245	1.84	272	181	2.09	208	139
1.35	514	342	1.6	363	242	1.85	269	179	2.1	206	137
1.36	506	337	1.61	358	239	1.86	266	177	2.11	204	136
1.37	499	332	1.62	354	236	1.87	263	175	2.12	202	134
1.38	491	327	1.63	349	233	1.88	260	173	2.13	200	133
1.39	484	323	1.64	345	230	1.89	257	171	2.14	198	132
1.4	477	318	1.65	340	227	1.9	254	169	2.15	196	131
1.41	470	313	1.66	336	224	1.91	251	167	2.16	194	129
1.42	463	309	1.67	332	221	1.92	249	166	2.17	192	128
1.43	457	304	1.68	328	219	1.93	246	164	2.18	190	127
1.44	450	300	1.69	324	216	1.94	243	162	2.19	189	126

附錄表一 鋼球直徑為 5 mm 之壓痕直徑與勃氏硬度值表(續)

壓痕直徑 mm	HB (BHN) 750 kg	500 kg	壓痕直徑 mm	HB 750 kg	500 kg	壓痕直徑 mm	HB (BHN) 750 kg	500 kg	壓痕直徑 mm	HB (BHN) 750 kg	500 kg
2.2	187	124	2.45	148	99	2.7	120	80	2.95	99	66
2.21	185	123	2.46	147	98	2.71	119	79	2.96	98	65
2.22	183	122	2.47	146	97	2.72	118	79	2.97	97	65
2.23	181	121	2.48	145	96	2.73	117	78	2.98	96	64
2.24	180	120	2.49	143	95	2.74	116	77	2.99	96	64
2.25	178	119	2.5	142	95	2.75	115	77	3	95	63
2.26	176	117	2.51	141	94	2.76	114	76	3.01	94	63
2.27	175	116	2.52	140	93	2.77	114	76	3.02	94	62
2.28	173	115	2.53	138	92	2.78	113	75	3.03	93	62
2.29	171	114	2.54	137	91	2.79	112	74	3.04	92	61
2.3	170	113	2.55	136	91	2.8	111	74	3.05	91	61
2.31	168	112	2.56	135	90	2.81	110	73	3.06	91	60
2.32	167	111	2.57	134	89	2.82	109	73	3.07	90	60
2.33	165	110	2.58	133	88	2.83	108	72	3.08	89	59
2.34	164	109	2.59	132	88	2.84	107	71	3.09	89	59
2.35	162	108	2.6	130	87	2.85	107	71	3.1	88	59
2.36	161	107	2.61	129	86	2.86	106	70	3.11	88	58
2.37	159	106	2.62	128	85	2.87	105	70	3.12	87	58
2.38	158	105	2.63	127	85	2.88	104	69	3.13	86	57
2.39	157	104	2.64	126	84	2.89	103	69	3.14	86	57
2.4	155	103	2.65	125	83	2.9	103	68	3.15	85	56
2.41	154	102	2.66	124	83	2.91	102	68	3.16	84	56
2.42	152	101	2.67	123	82	2.92	101	67	3.17	84	56
2.43	151	101	2.68	122	81	2.93	100	67	3.18	83	55
2.44	150	100	2.69	121	81	2.94	99	66	3.19	83	55

附錄表二　鋼球直徑為 10 mm 之壓痕直徑與勃氏硬度值表

壓痕直徑 mm	HB (BHN)			壓痕直徑 mm	HB (BHN)			壓痕直徑 mm	HB (BHN)		
	3000 kg	1500 kg	500 kg		3000 kg	1500 kg	500 kg		3000 kg	1500 kg	500 kg
2.5	601	300	100	2.75	495	247	82	3	414	207	69
2.51	596	298	99	2.76	491	245	81	3.01	411	205	68
2.52	591	295	98	2.77	488	244	81	3.02	409	204	68
2.53	587	293	97	2.78	484	242	80	3.03	406	203	67
2.54	582	291	97	2.79	480	240	80	3.04	403	201	67
2.55	577	288	96	2.8	477	238	79	3.05	400	200	66
2.56	573	286	95	2.81	474	237	79	3.06	398	199	66
2.57	568	284	94	2.82	470	235	78	3.07	395	197	65
2.58	564	282	94	2.83	467	233	77	3.08	392	196	65
2.59	559	279	93	2.84	463	231	77	3.09	390	195	65
2.6	555	277	92	2.85	460	230	76	3.1	387	193	64
2.61	551	275	91	2.86	457	228	76	3.11	385	192	64
2.62	546	273	91	2.87	453	226	75	3.12	382	191	63
2.63	542	271	90	2.88	450	225	75	3.13	380	190	63
2.64	538	269	89	2.89	447	223	74	3.14	377	188	62
2.65	534	267	89	2.9	444	222	74	3.15	375	187	62
2.66	530	265	88	2.91	441	220	73	3.16	372	186	62
2.67	526	263	87	2.92	438	219	73	3.17	370	185	61
2.68	522	261	87	2.93	435	217	72	3.18	367	183	61
2.69	518	259	86	2.94	432	216	72	3.19	365	182	60
2.7	514	257	85	2.95	429	214	71	3.2	363	181	60
2.71	510	255	85	2.96	426	213	71	3.21	360	180	60
2.72	506	253	84	2.97	423	211	70	3.22	358	179	59
2.73	502	251	83	2.98	420	210	70	3.23	356	178	59
2.74	499	249	83	2.99	417	208	69	3.24	354	177	59

附錄表二　鋼球直徑為 10 mm 之壓痕直徑與勃氏硬度值表(續)

壓痕直徑 mm	HB (BHN)			壓痕直徑 mm	HB (BHN)			壓痕直徑 mm	HB (BHN)		
	3000 kg	1500 kg	500 kg		3000 kg	1500 kg	500 kg		3000 kg	1500 kg	500 kg
3.25	351	175	58	3.5	301	150	50	3.75	261	130	43.6
3.26	349	174	58	3.51	300	150	50	3.76	260	130	43.3
3.27	347	173	57	3.52	298	149	49.7	3.77	258	129	43.1
3.28	345	172	57	3.53	296	148	49.4	3.78	257	128	42.9
3.29	343	171	57	3.54	294	147	49.1	3.79	256	128	42.6
3.3	340	170	56	3.55	293	146	48.8	3.8	254	127	42.4
3.31	338	169	56	3.56	291	145	48.5	3.81	253	126	42.2
3.32	336	168	56	3.57	289	144	48.3	3.82	251	125	41.9
3.33	334	167	55	3.58	288	144	48	3.83	250	125	41.7
3.34	332	166	55	3.59	286	143	47.7	3.84	249	124	41.5
3.35	330	165	55	3.6	284	142	47.4	3.85	247	123	41.2
3.36	328	164	54	3.61	283	141	47.2	3.86	246	123	41
3.37	326	163	54	3.62	281	140	46.9	3.87	245	122	40.8
3.38	324	162	54	3.63	279	139	46.6	3.88	243	121	40.6
3.39	322	161	53	3.64	278	139	46.4	3.89	242	121	40.4
3.4	320	160	53	3.65	276	138	46.1	3.9	241	120	40.1
3.41	318	159	53	3.66	275	137	45.8	3.91	239	119	39.9
3.42	316	158	52	3.67	273	136	45.6	3.92	238	119	39.7
3.43	314	157	52	3.68	272	136	45.3	3.93	237	118	39.5
3.44	312	156	52	3.69	270	135	45.1	3.94	236	118	39.3
3.45	311	155	51	3.7	269	134	44.8	3.95	234	117	39.1
3.46	309	154	51	3.71	267	133	44.6	3.96	233	116	38.9
3.47	307	153	51	3.72	266	133	44.3	3.97	232	116	38.7
3.48	305	152	50	3.73	264	132	44.1	3.98	231	115	38.5
3.49	303	151	50	3.74	263	131	43.8	3.99	229	114	38.3

附錄表二　鋼球直徑為 10 mm 之壓痕直徑與勃氏硬度值表(續)

壓痕直徑 mm	HB (BHN) 3000 kg	1500 kg	500 kg	壓痕直徑 mm	HB (BHN) 3000 kg	1500 kg	500 kg	壓痕直徑 mm	HB (BHN) 3000 kg	1500 kg	500 kg
4	228	114	38.1	4.25	201	100	33.5	4.5	178	89	29.7
4.01	227	113	37.9	4.26	200	100	33.4	4.51	177	88	29.6
4.02	226	113	37.7	4.27	199	99	33.2	4.52	176	88	29.4
4.03	225	112	37.5	4.28	198	99	33	4.53	176	88	29.3
4.04	224	112	37.3	4.29	197	98	32.9	4.54	175	87	29.2
4.05	222	111	37.1	4.3	196	98	32.7	4.55	174	87	29
4.06	221	110	36.9	4.31	195	97	32.5	4.56	173	86	28.9
4.07	220	110	36.7	4.32	194	97	32.4	4.57	172	86	28.7
4.08	219	109	36.5	4.33	193	96	32.2	4.58	171	85	28.6
4.09	218	109	36.3	4.34	192	96	32.1	4.59	171	85	28.5
4.1	217	108	36.2	4.35	191	95	31.9	4.6	170	85	28.3
4.11	216	108	36	4.36	190	95	31.8	4.61	169	84	28.2
4.12	215	107	35.8	4.37	189	94	31.6	4.62	168	84	28.1
4.13	213	106	35.6	4.38	189	94	31.5	4.63	168	84	28
4.14	212	106	35.4	4.39	188	94	31.3	4.64	167	83	27.8
4.15	211	105	35.2	4.4	187	93	31.2	4.65	166	83	27.7
4.16	210	105	35.1	4.41	186	93	31	4.66	165	82	27.6
4.17	209	104	34.9	4.42	185	92	30.9	4.67	165	82	27.5
4.18	208	104	34.7	4.43	184	92	30.7	4.68	164	82	27.3
4.19	207	103	34.5	4.44	183	91	30.6	4.69	163	81	27.2
4.2	206	103	34.4	4.45	182	91	30.4	4.7	162	81	27.1
4.21	205	102	34.2	4.46	181	90	30.3	4.71	162	81	27
4.22	204	102	34	4.47	181	90	30.1	4.72	161	80	26.8
4.23	203	101	33.9	4.48	180	90	30	4.73	160	80	26.7
4.24	202	101	33.7	4.49	179	89	29.8	4.74	159	79	26.6

附錄表二　鋼球直徑為 10 mm 之壓痕直徑與勃氏硬度值表(續)

壓痕直徑 mm	HB (BHN)			壓痕直徑 mm	HB (BHN)			壓痕直徑 mm	HB (BHN)		
	3000 kg	1500 kg	500 kg		3000 kg	1500 kg	500 kg		3000 kg	1500 kg	500 kg
4.75	159	79	26.5	5	142	71	23.7	5.25	128	64	21.3
4.76	158	79	26.4	5.01	141	70	23.6	5.26	127	63	21.2
4.77	157	78	26.2	5.02	141	70	23.5	5.27	127	63	21.2
4.78	157	78	26.1	5.03	140	70	23.4	5.28	126	63	21.1
4.79	156	78	26	5.04	140	70	23.3	5.29	126	63	21
4.8	155	77	25.9	5.05	139	69	23.2	5.3	125	62	20.9
4.81	154	77	25.8	5.06	138	69	23.1	5.31	125	62	20.8
4.82	154	77	25.7	5.07	138	69	23	5.32	124	62	20.7
4.83	153	76	25.5	5.08	137	68	22.9	5.33	124	62	20.6
4.84	152	76	25.4	5.09	137	68	22.8	5.34	123	61	20.6
4.85	152	76	25.3	5.1	136	68	22.7	5.35	123	61	20.5
4.86	151	75	25.2	5.11	136	68	22.6	5.36	122	61	20.4
4.87	150	75	25.1	5.12	135	67	22.5	5.37	122	61	20.3
4.88	150	75	25	5.13	134	67	22.4	5.38	121	60	20.2
4.89	149	74	24.9	5.14	134	67	22.3	5.39	121	60	20.1
4.9	148	74	24.8	5.15	133	66	22.2	5.4	120	60	20.1
4.91	148	74	24.7	5.16	133	66	22.1	5.41	120	60	20
4.92	147	73	24.5	5.17	132	66	22.1	5.42	119	59	19.9
4.93	146	73	24.4	5.18	132	66	22	5.43	119	59	19.8
4.94	146	73	24.3	5.19	131	65	21.9	5.44	118	59	19.7
4.95	145	72	24.2	5.2	130	65	21.8	5.45	118	59	19.7
4.96	145	72	24.1	5.21	130	65	21.7	5.46	117	58	19.6
4.97	144	72	24	5.22	129	64	21.6	5.47	117	58	19.5
4.98	143	71	23.9	5.23	129	64	21.5	5.48	116	58	19.4
4.99	143	71	23.8	5.24	128	64	21.4	5.49	116	58	19.3

附錄表二　鋼球直徑為 10 mm 之壓痕直徑與勃氏硬度值表(續)

壓痕直徑 mm	HB (BHN)			壓痕直徑 mm	HB (BHN)			壓痕直徑 mm	HB		
	3000 kg	1500 kg	500 kg		3000 kg	1500 kg	500 kg		3000 kg	1500 kg	500 kg
5.5	115	57	19.3	5.75	105	52	17.5	6	95	47.7	15.9
5.51	115	57	19.2	5.76	104	52	17.4	6.01	95	47.5	15.8
5.52	114	57	19.1	5.77	104	52	17.3	6.02	94	47.3	15.7
5.53	114	57	19	5.78	103	51	17.3	6.03	94	47.2	15.7
5.54	114	57	19	5.79	103	51	17.2	6.04	94	47	15.6
5.55	113	56	18.9	5.8	103	51	17.1	6.05	93	46.8	15.6
5.56	113	56	18.8	5.81	102	51	17.1	6.06	93	46.6	15.5
5.57	112	56	18.7	5.82	102	51	17	6.07	93	46.5	15.5
5.58	112	56	18.7	5.83	101	50	16.9	6.08	92	46.3	15.4
5.59	111	55	18.6	5.84	101	50	16.9	6.09	92	46.1	15.3
5.6	111	55	18.5	5.85	101	50	16.8	6.1	91	45.9	15.3
5.61	110	55	18.4	5.86	100	50	16.7	6.11	91	45.8	15.2
5.62	110	55	18.4	5.87	100	50	16.7	6.12	91	45.6	15.2
5.63	110	55	18.3	5.88	99	49.9	16.6	6.13	90	45.4	15.1
5.64	109	54	18.2	5.89	99	49.7	16.5	6.14	90	45.3	15.1
5.65	109	54	18.1	5.9	99	49.5	16.5	6.15	90	45.1	15
5.66	108	54	18.1	5.91	98	49.3	16.4	6.16	89	44.9	14.9
5.67	108	54	18	5.92	98	49.2	16.4	6.17	89	44.8	14.9
5.68	107	53	17.9	5.93	98	49	16.3	6.18	89	44.6	14.8
5.69	107	53	17.9	5.94	97	48.8	16.2	6.19	88	44.4	14.8
5.7	107	53	17.8	5.95	97	48.6	16.2	6.2	88	44.3	14.7
5.71	106	53	17.7	5.96	96	48.4	16.1	6.21	88	44.1	14.7
5.72	106	53	17.7	5.97	96	48.2	16	6.22	88	44	14.6
5.73	105	52	17.6	5.98	96	48.1	16	6.23	87	43.8	14.6
5.74	105	52	17.5	5.99	95	47.9	15.9	6.24	87	43.6	14.5

附錄表二　鋼球直徑為 10 mm 之壓痕直徑與勃氏硬度值表(續)

壓痕直徑 mm	HB (BHN)			壓痕直徑 mm	HB (BHN)			壓痕直徑 mm	HB (BHN)		
	3000 kg	1500 kg	500 kg		3000 kg	1500 kg	500 kg		3000 kg	1500 kg	500 kg
6.25	87	43.5	14.5								
6.26	86	43.3	14.4								
6.27	86	43.2	14.4								
6.28	86	43	14.3								
6.29	85	42.8	14.2								
6.3	85	42.7	14.2								
6.31	85	42.5	14.1								
6.32	84	42.4	14.1								
6.33	84	42.2	14								
6.34	84	42.1	14								
6.35	83	41.9	13.9								
6.36	83	41.8	13.9								
6.37	83	41.6	13.8								
6.38	83	41.5	13.8								
6.39	82	41.3	13.7								
6.4	82	41.2	13.7								
6.41	82	41	13.6								
6.42	81	40.9	13.6								
6.43	81	40.7	13.5								
6.44	81	40.6	13.5								
6.45	80	40.4	13.4								
6.46	80	40.3	13.4								
6.47	80	40.2	13.4								
6.48	80	40	13.3								
6.49	79	39.9	13.3								

附錄表三 鋼鐵材料硬度換算及近似抗拉強度對照檢表

洛氏 H_RC	維氏 DPH kg/mm^2	勃氏 BHN kg/mm^2	洛氏 H_RA	洛氏 H_RB	蕭氏 Hs	抗拉強度 σ_{TS} kg/mm^2
68	940	—	86	—	97	—
66	865	—	85	—	93	—
64	800	—	83	—	89	—
62	746	—	82	—	85	—
60	697	—	81	—	82	—
58	653	—	80	—	78	—
56	613	—	79	—	75	—
54	577	—	78	—	72	205
52	544	500	77	—	69	192
50	513	475	76	—	66	179
48	484	451	75	—	63	166
46	458	432	74	—	61	155
44	434	409	73	—	58	146
42	412	390	72	—	56	136
40	392	371	70	—	54	128
38	372	353	69	—	52	120
36	354	336	68	—	50	114
34	336	319	67	—	48	108
32	318	301	66	—	46	101
30	302	286	65	—	44	96
28	286	271	64	—	42	91
26	272	258	63	—	40	87
24	260	247	62	100	38	83
22	248	237	62	99	37	79
20	238	226	61	98	36	76
(16)	222	212	—	96	34	72
(12)	204	194	—	92	31	65
(8)	188	179	—	90	—	61
(4)	173	165	—	86	—	57
(0)	160	152	—	82	—	53

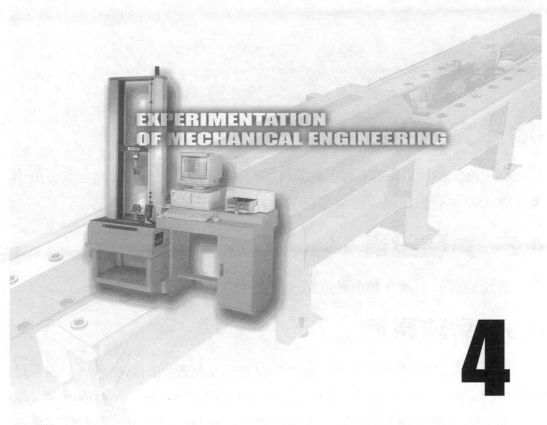

EXPERIMENTATION
OF MECHANICAL ENGINEERING

4

洛氏硬度試驗

4.1 實驗目的

利用洛氏(Rockwell)來測定金屬材料的硬度。即測定材料表面受到壓痕器壓刺時，表面層抵抗被壓凹而塑變的能力。

4.2 實驗設備

洛氏硬度計一架，標準硬度試片數個。

4.3 實驗原理

洛氏硬度計如圖 4.1 所示，也是測試材料抵抗壓凹的試驗機。其主要是利用槓桿原理，用一定負重，以小鋼球或鑽石圓錐為壓痕器。壓痕器壓入試片後，再將其壓痕深度利用機構原理轉換成指示盤中之刻度，此刻度即是洛氏硬度。由於測試迅速、精確，而且適用材質廣泛，是一種普遍被採用的硬度試驗方法。

圖 4.1 洛氏硬度計

一、硬度標(Rockwell scales)，壓痕器與負荷

　　洛氏硬度隨所加的負荷 P，及所使用壓痕器的種類有卅種不同的硬度標。表 4.1 是常用硬度標所用之負荷及壓痕器的組合，負荷隨不同的硬度標可為 60、100 或 150 kgf。表中同時列出所使用之硬度計算公式、直接讀取刻盤的顏色、及適用範圍等。

　　壓痕器則有兩種類型，一種為 120° 的鑽石圓錐壓痕器，主要使用於硬化鋼和燒結碳化物等材料。另一種為硬化鋼球壓痕器，鋼球直徑包括有 1/16″、1/8″、1/4″ 和 1/2″ 等數種，主要用於退火鋼，較軟等級鑄鐵以及非鐵金屬等材料。

表 4.1　各種洛氏硬度標的規定

硬度標	壓 痕 器	負荷 (kgf)	計算公式	刻盤	適用範圍
A	120° 鑽石錐	60	RA = 100 – 500 t	黑	燒結碳化物，薄鋼片以及表面硬化層淺鋼片
B	1/16″ 鋼球	100	RB = 130 – 500 t	紅	軟鋼，退火狀態鋼，銅合金，鋁合金
C	120° 鑽石錐	150	RC = 100 – 500 t	黑	鋼，硬鑄鐵，波來鐵，展性鑄鐵，深度表面硬化鋼及 HRB>100 之其它材料
D	120° 鑽石錐	100	RD = 100 – 500 t	黑	中度表面硬化鋼，波來鐵展基底的性鑄鐵
E	1/8″ 鋼球	100	RE = 130 – 500 t	紅	鑄鐵，鋁合金，鎂合金，軸承金屬
F	1/16″ 鋼球	60	RF = 130 – 500 t	紅	退火黃銅，極軟之薄金屬

　　洛氏硬度標除表 4.1 所列的六種指標適用於金屬材料外，尚有使用鋼球直徑為 1/4″ 或 1/2″ 而用來測定塑膠材料硬度的 M、P、R 及 S 等指標。120° 的鑽石圓錐壓痕器的頂點是一圓弧，半徑為 0.02mm，而後述的維氏 136°鑽石圓錐的頂點是 136° 的尖角。

二、洛氏硬度(Rockwell hardness)

　　洛氏硬度的值，是以壓痕的深度來表示，壓痕深度愈深，則硬度值愈低。洛氏硬度實驗時，須先預加一小負荷(10 kgf)，然後再將主要負荷完全加上。預加小負荷是要消除儀器本身齒隙(back-lash)所引起對精確度的影響，以及避免因試片測試面上些許的不平，而造成對壓痕器的損壞。10 kgf預加負荷的施加，可以將試片高度繼續提高到刻盤上的一個短指針指到一固定的記號點時為止。主要負荷施加在材料上的時間以 30 秒為準，這可用手動或自動的方式來控制時間。圖 4.2 是洛氏硬度試驗壓痕深度的的示意圖，圖中 t 為預加小負荷與主要負荷所造成塑性變形的深度差。t 也就是表 4.1 中洛氏硬度計算公式中所用的 t，單位 mm。以 C 指標為例，洛氏硬度一個刻度即代表壓入深度相當於 0.002mm，也就是 HRC60 的壓入深度比 HRC59 淺 0.002mm。

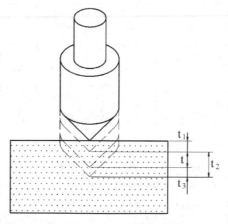

圖 4.2　洛氏硬度試驗壓痕深度示意圖

t_1 = 預加小負荷產生之壓痕深度

t_2 = 主負荷產生之壓痕深度

t_3 = 除去主負荷留下小負荷時，彈性變形恢復的深度。

$t = t_2 - t_3$，主要負荷與預加小負荷所造成塑性變形的深度差。

三、洛氏硬度的表示

洛氏硬度值必須將測得的數值與符號連同硬度標一起標示出。

例：HRC40

表示在洛氏 C 硬度標中，其硬度值為 40。

(注意：洛氏硬度值沒有單位)

4.4　實驗步驟

1. 將不同金屬的材料切割成高度至少為 10mm，直徑或邊長至少 15mm 以上的試塊。這可以將拉伸試驗後試桿末端切割下備用。(採用材料如果與拉伸實驗所用的相同，則一個好處是可以進一步了解硬度與強度及伸長率之間的關係)。

2. 調整施壓負重，調換指定的壓痕器。

3. 將切割好的試片以研磨用砂紙，將試片測試面磨平，以磨到#600 號為準。

4. 參照洛氏硬度計的操作須知及程序進行硬度測試，然後讀取硬度值。每一種材料至少量取三個硬度值，以平均值做為該材料的硬度。

4.5　實驗結果與記錄

表 4.2　洛氏硬度試驗記錄表

試件編號	1			2			3			4		
材料種類												
負重(kgf)												
壓痕器												
硬度標												
試驗次數	1	2	3	1	2	3	1	2	3	1	2	3
洛氏硬度讀數												
平均洛氏硬度讀數												
備　註												

4.6　問題討論

1. 將試驗材料之洛氏硬度試驗結果與其他文獻資料的數據做一比對，是否有差異，並討論之。

2. 為何洛氏硬度計刻度盤上一個刻度，即代表壓痕器之壓入深度為 0.002 mm？

3. 洛氏硬度試驗在夾持試片時，爲何須先緩緩上升升降手輪，直到刻度盤內之小指針指到紅點中心爲止？

4. 以洛氏硬度試驗之 A、B、C 三種硬度標，來測量碳化鎢刀具、高速鋼刀具、銼刀、SSKD7、六四黃銅、304 型不鏽鋼、SS41 軟鋼等材料之硬度，各材料選擇何種硬度標做試驗較爲適當。

5. 若試驗材料除了以洛氏硬度計測試外，同時還有利用其他硬度計量測，請將各項硬度值列出來，並與硬度對照表上之關係做進一步比較，並討論之。

4.7　進一步閱讀的資料

1. CNS 2114 Z8003　洛氏硬度試驗法。

2. CNS 10422 B6081 洛氏硬度試驗機及洛氏表面硬度試驗機。

3. ASTM E18 Test Methods for Rockwell Hardness of Metallic Materials.

4. JIS Z2245 Rockwell hardness test -- Test method.

5. ASM Handbook Volume 8: Mechanical Testing and Evaluation.

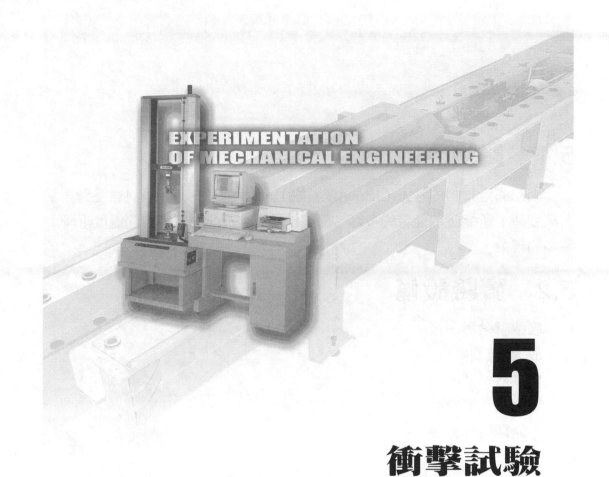

EXPERIMENTATION
OF MECHANICAL ENGINEERING

5

衝擊試驗

5.1 實驗目的

衝擊測定材料的沙丕(Charpy)或易佐(Izod)衝擊值，以了解材料受到衝擊而破裂時，所能吸收能量的多寡。衝擊試驗亦可測試材料有無隨溫度下降而轉脆的現象。

5.2 實驗設備

1. 衝擊試驗機一台。
2. 放大鏡數個。
3. 電熱壺一個。
4. 液態氮及儲存桶。
5. 不銹鋼燒杯數個。
6. 水銀溫度計一支。

5.3 實驗原理

在工程上有許多結構或機件必須經得起突然的強烈撞擊，而材料對這種突然撞擊造成破壞之抵抗能力的試驗稱之為衝擊試驗(impact test)。

一、材料的韌性(Toughness)及衝擊試驗機

材料破裂時，吸收機械能的能力，稱為韌性。可以吸收愈多能量的材料其韌性愈好，反之吸收愈少的材料其性愈脆。量測材料韌性的方法不下十種，但最普遍的一種方法是利用擺捶型的衝擊試驗機，如圖 5.1，測定出材料被衝擊時所吸收的能量，kg-m 或 ft-lb，稱為衝擊值。衝擊試片平放且兩端都固定的稱為沙丕法。圖 5.2 是沙丕試片的夾持方式以及一種常用試片的尺寸圖。圖中的試片是 10×10×55mm 在中間開一深為 2mm，45 度的 V 型缺口。這種試驗的衝擊值簡寫為 CVN(Charpy V-notched number)。

圖 5.1　衝擊試驗機

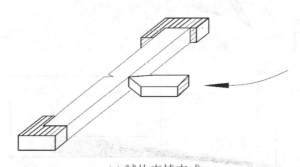

(a) 試片夾持方式

圖 5.2　沙坯衝擊試驗

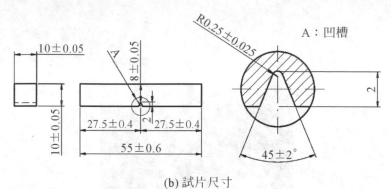

(b) 試片尺寸

圖 5.2　沙坯衝擊試驗(續)

　　易佐衝擊試片的夾持方式，如圖 5.3，試片豎立而只固定一端。試片的尺寸為 10×10×75mm，而 2mm 深的 45 度 V 型缺口則開在距一端為 28mm 處。由於兩種試驗方法的類同，一般的衝擊試驗機只要更換試片座及錘刀便能做沙丕或易佐試驗。

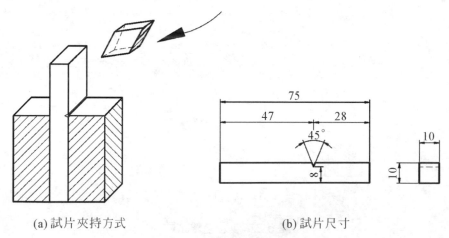

(a) 試片夾持方式　　　　　　　　　　(b) 試片尺寸

圖 5.3　易佐衝擊試驗

二、衝擊值的計算

衝擊試驗量測試片吸收能量的基本原理是利用擺捶位置的改變而得。如圖 5.4，是利用擺捶在衝擊前及後的最大位能差來計算試片所吸收的能量。衝擊前，擺捶懸掛在距離試片為 h_1 的高度，其位能是 Wh_1，而動能為 0，當擺捶被放開，衝擊試片後又擺到角度為 β，但高度為 h_2 的位置時，其動能再次為 0，而位能則改變為 Wh_2。其間的位能差 Wh_1-Wh_2 便是試片吸收的能量。

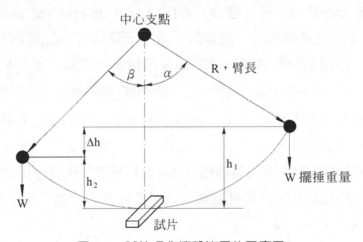

圖 5.4 試片吸收衝擊能量的示意圖

$$
\begin{aligned}
衝擊吸收能量 &= Wh_1 - Wh_2 \\
&= WR(1-\cos\alpha) - WR(1-\cos\beta) \\
&= WR(\cos\beta - \cos\alpha)
\end{aligned}
\tag{5-1}
$$

W = 擺捶重量，kgf。

R = 擺臂長，m。

α = 衝擊前擺捶提升的角度。

β = 衝擊試片後，擺捶上升的角度。

　　當然這簡易的計算中，試片衝斷後的動能，及擺捶支點的磨擦消耗都忽略不計。在試驗機上可以加裝適當的指針及校正過的刻劃而直接讀取出試片的衝擊值。

三、溫度對衝擊值的影響

　　利用衝擊試驗機，不但可以測驗不同金屬材料的衝擊值，並且可以量測同一材料在不同溫度下的衝擊值。圖 5.5 是說明溫度對晶體結構為面心立方(FCC，face-centered cubic)及體心立方(BCC，body-centered cubic)金屬的影響。對具有 FCC 晶體結構的金屬來說，溫度下降到某一範圍之下，衝擊值便急遽的降低。這種衝擊值急遽下降的現象稱為轉脆，而其溫度稱為轉脆溫度(fracture transition temperature)。對大部份的鋼鐵(指不具 FCC 晶體結構的鋼鐵)而言，其轉脆的溫度範圍相當廣，如圖 5.5 所示，因之在定義轉脆溫度時，往往隨研究或工業需求而有些不同。最簡易的一種是造船業所採用的：訂衝擊值為 20 J(15 ft-lb)的溫度為轉脆溫度。表 5.1 列出各種鋼材以 20 J 的衝擊值為準所測出的轉脆溫度。就熱軋錳鋼來說，其轉脆溫度是攝氏 27 度，這是很

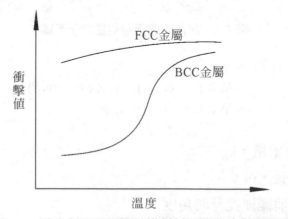

圖 5.5　溫度對不同晶體結構材料衝擊值的影響略圖

表 5.1　數種鋼材的轉脆溫度

材料	轉脆溫度，℃	
	20J	50% 韌斷
熱軋錳鋼	27	46
熱軋低合金鋼	− 24	12
淬冷再回火鋼	− 71	− 54

危險的。因為大氣溫度的驟降，就會導致此鋼材的突然破裂。在二次大戰期間，許多銲接鋼體船，便因溫度驟降，銲道變脆而斷裂。當然這會造成許多人力及財力的損失。

四、缺口敏感(Notch sensitivity)

機械元件往往有凹槽或缺口的存在，機件上的凹槽或缺口一般會導致應力集中而使得材料韌性降低。材料是否會因為凹槽或缺口的存在而造成韌性顯著下降的現象，可將此種材料加工成有凹槽試片及無凹槽試片經過衝擊試驗後，比較其衝擊值而得知。圖 5.6 為球狀石墨鑄鐵和灰口鑄鐵之缺口敏感

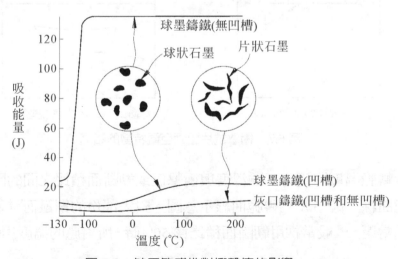

圖 5.6　缺口敏感性對衝擊值的影響

性示意圖，由圖中可知，球墨鑄鐵屬於對缺口敏感性的材料，其有凹槽試片和無凹槽試片的衝擊值差異極大，而灰口鑄鐵則不屬於對缺口敏感性材料。

五、衝擊破斷面分析

圖 5.7 顯示試片被衝斷後，其斷面巨觀特徵可以分為邊緣的韌斷及中央的脆斷兩種。韌斷區域的斷面與試片中心線傾斜約成 45°，而脆斷區域的斷面則與試片中心線成垂直。就鋼鐵材料來說，韌斷區域呈灰黑色而脆斷區域呈灰白色，區域的分別相當清晰。韌性斷裂區的面積與凹槽試片總面積，$8 \times 10 \text{mm}^2$ 的比值，稱為韌斷面積比。

$$韌斷面積比 \; D(\%) = S/A \times 100\% \tag{5-2}$$

S ＝韌斷區域的面積。

A ＝凹槽處試片總面積 $8 \times 10 \text{mm}^2$。

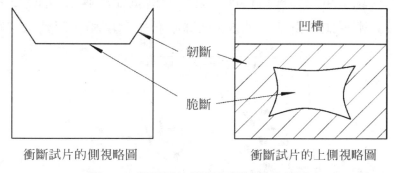

衝斷試片的側視略圖　　　　　衝斷試片的上側視略圖

圖 5.7　衝擊試片斷面巨觀特徵的略圖

表示轉脆溫度附近之試驗溫度與衝擊值或韌斷面積比之間的關係曲線稱之為轉脆曲線，圖 5.8 為轉脆曲線示意圖。對大部份的鋼鐵而言，其轉脆溫度範圍相當廣，一般常採用韌斷面積比為 50% 時，所對應的溫度為轉脆溫度。

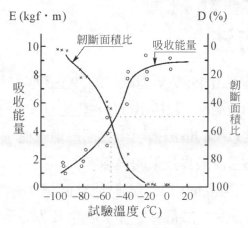

圖 5.8　轉脆曲線示意圖

　　數種鋼材的韌斷面積比為 50%的轉脆溫度也列在表 5.1。比較表中兩種轉脆溫度標準，可以發現同一鋼材的轉脆溫度隨所訂的標準而有很大的差別。這是值得工程設計人員注意的一點。

　　測定材料的衝擊值隨溫度變化的情況時，除室溫保持在約 25℃ 左右時，不須特別保溫外，其他各種溫度都須要保溫設備。以下所列的幾種溫度是直接利用物質本身的特性而可以很方便地得到的：

1.　水的沸點，100℃。
2.　水與冰共同混合存在的溫度，即冰點，0℃。
3.　冰水與鹽水的共晶溫度，即含 23.3%NaCl 的冰水，−21℃。NaCl 可以用食鹽代替。
4.　冰水與 CaCl 鹽水的共晶溫度，即含 29% $CaCl_2$ 的冰水，−50℃。
5.　液態氮的沸點，−197℃。

5.4　實驗方法

1. 利用方形碳鋼銑製出 45 度 V 型缺口的沙丕衝擊試片。

2. 準備不同溫度的恆溫槽，包括 100℃，室溫、0℃、-21℃、-50℃，及-197℃等數種。零度以下的恆溫槽至少必須準備一種。-197℃的液態氮恆溫槽，可能是最適當及最具效果的一種。

3. 將待測試片，放入恆溫槽約 15 分鐘，使整個試片的溫度達到均勻的程度。

4. 用試片夾，夾出試片，放置到鉆座上。手及人完全離開衝擊試驗機後，再釋放擺捶以衝斷試片，並小心地阻止擺捶的繼續擺動。讀取衝擊值，並再度將指針歸零，以備下一個測試。每一種材料，在每一種溫度，應該至少測試三個試片，並以平均值做為該材料在該溫度的衝擊值。

5. 繪製出各種材料的衝擊值與溫度的關係曲線，並進而決定該材料是否有脆化現象，及其脆化溫度。

6. 觀察每一個被衝斷試片的斷口特徵，比較韌斷與脆斷面積的大小。如果可能，可以根據試片的斷口計算出韌斷面積所佔百分比。以此韌斷百分比繪製另一個曲線，並討論之。

※ 安全注意事項

　　衝擊試驗是一項必須非常小心的試驗。由於擺捶在擺時，具有很大的衝擊能，如果不小心，會造成嚴重的意外事件。在釋放擺捶之前，一定要確定沒有其他的人在擺捶的擺動範範圍內。被衝斷的試片往往具有散射的能量，所以在擺捶擺動的前後空道上，不要讓其他人進入。

5.5　實驗結果與記錄

　　如表 5.2 為衝擊試驗之記錄表，學習者可藉由此表詳填實驗數據，並將數據代入公式(5-1)，即可很快地計算得知材料之衝擊值。最近由於儀器之進步，亦有直接數字顯示出衝擊值的衝擊試驗機，當然使用之前，必須加以校驗之。

表 5.2　衝擊試驗記錄表

擺捶重量 W＝_____kgf，擺捶長度 R＝_____m						
試片編號	1	2	3	4	5	6
材料種類						
試驗溫度						
衝擊前擺捶角度 α						
衝擊後擺捶角度 β						
衝擊值，kgf-m $WR(\cos\beta-\cos\alpha)$						
斷口特徵						
備註						

5.6 問題討論

1. 試由衝擊試片之破斷口形態,嘗試判別材料之韌、脆特性。如學校中有掃描式電子顯微鏡(SEM),則可切片觀察破斷口是屬那一種形態之破斷,進而了解材料之韌性與脆性情形。

2. 若衝擊試片為熱處理後之試件,則由其衝擊值和破斷形態的變化說明該熱處理條件對衝擊值有何影響?

3. 若衝擊試片是在各種溫度中試驗,請繪製各種材料之衝擊值與溫度的關係曲線,並進一步討論韌斷百分比與溫度的關係及其轉脆溫度。

4. 相同條件之衝擊試片以不同衝擊前擺捶角度(α)作測試所得的衝擊值是否相同?為什麼?

5. 若情況允許,則令衝擊試片和拉伸試片及硬度試片有兩種以上相同的材質條件(如相同的碳鋼和不銹鋼),以進一步從應力—應變曲線的包繞面積和硬度值說明各試片材料之強度、硬度和延性對衝擊韌性的影響。

5.7 進一步閱讀的資料

1. CNS 10424 B6082 沙丕衝擊試驗機。
2. CNS 10425 B7255 沙丕衝擊試驗機檢驗法。
3. CNS 8768 B6068 易佐衝擊試驗機。
4. CNS 3033 G2022 金屬材料衝擊試驗試片。
5. CNS 3034 G2023 金屬材料衝擊試驗法。

EXPERIMENTATION
OF MECHANICAL ENGINEERING

6

疲勞試驗

6.1 實驗目的

測定材料的疲勞限。即測定材料在受到許多次重複變化的外加負荷之下，能不因之而破裂的最低應力。

6.2 實驗設備

回轉彎曲式疲勞試驗機(或其他型疲勞試驗機)。

6.3 實驗原理

材料受到的外加應力比抗拉強度小時並不會斷裂，這從拉伸試驗的結果就可了解。由於機械的運轉，使得機件所受的應力並不保持在一定值，而是成週期性地變化，這週期性變化的應力雖然小於材料的抗拉強度，卻也促使材料斷裂，這種因週期性變化應力的施加而斷裂的現象稱為疲勞(fatigue)。

一、覆變應力(Repeated stress)

由於外加應力有許多種方式，例如單純的拉—壓，單純的彎曲，單純的扭轉，及各種多軸向的綜合應力，所以針對各種方式而設計的疲勞試驗機就有很多種。最新式的疲勞試驗機甚至附帶用電腦可以控制整個試驗及整理試驗數據。至於最簡單的疲勞試驗機莫過於用雙手的姆指及食指捏緊鐵線，然後來回地彎曲鐵線，在來回十數次之後，鐵線便有疲勞斷開的可能。鐵線是否會斷開與彎曲的程度有很大關連，彎的愈彎，愈容易使鐵線斷開。(注意:不要彎的太快，否則由機械能轉換成的熱能會使溫度升得很高而燙手。)

兩端固定的回轉彎曲疲勞試驗機，如圖 6.1 所示，是一種既普遍又方便的機種。圖 6.2 則為試桿夾持於回轉彎曲疲勞試驗機上的示意圖，試桿中段所受的最大拉伸或壓縮壓力，可由材料力學推導如下:

$$\sigma = \frac{16\,W\,L}{\pi\,D^3} \qquad\qquad (6.1)$$

σ = 試桿中段的最大應力，kgf/mm^2。

W = 重錘的重量，kgf。

L = 荷重支點間的距離，mm。

D = 試桿直徑，mm。

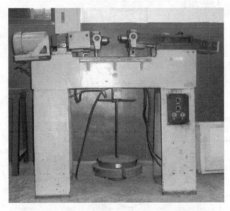

圖 6.1 回轉彎曲式疲勞試驗機

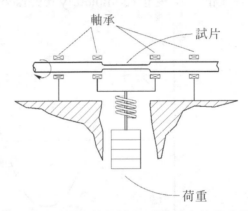

圖 6.2 試桿夾持於疲勞試驗機上的示意圖

　　若試桿的兩端受到懸垂而彎曲時，如圖 6.3 在 C 點表面有一最大的壓應力，而在 T 點表面有一最大的拉應力。

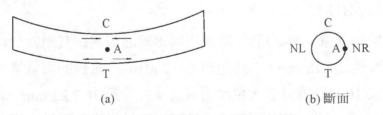

(a)　　　　　　　　　　(b) 斷面

圖 6.3 試棒彎曲時內部的應力狀態

　　試片被馬達帶動而旋轉時，試片上某一點，例如 A 點，會隨試片旋轉，由於放置位置的不同，A 點的應力會隨時間在最大壓應力及最大拉應力之間起週期性變化如圖 6.4 所示。當 A 點旋轉到 NL 位置時，無應力存在，在 T 位置時，則是最大拉應力，到 NR 時又到了無應力位置，到 C 時則處於最大壓應力點，如此周而復始的受到一週期性變化的應力。在這一個例子裏，最大應力與最小應力的絕對值相等，正負號相反，其平均值($\sigma_{max} + \sigma_{min}$)/2 為 0，所以又稱完全返復(completely reversed)應力週期。

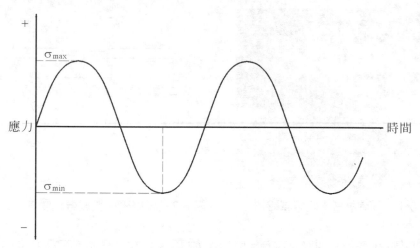

圖 6.4　試棒 A 點彎曲旋轉時應力週期性變化的略圖

二、S-N 曲線(S-N curve)

　　圖 6.5 是含碳量 0.4%的熱軋碳鋼用回轉彎曲機測試其耐疲勞特性的部份結果。試片直徑 d = 12 mm，支點距離 L = 200 mm，重錘的重量是 55 及 62 kg 兩種，用公式(10.1)計算得最大拉應力 σ_{max} = 32.4 及 36.7 kg/mm^2。圖 6.5 的縱座標是最大拉應力值，橫座標是試棒折斷的轉數記錄在對數座標上。在最大應力為 32.4 kg/mm^2 的週期性應力下，9 根試棒斷裂的轉速都不一樣。最早斷

的一根其至轉數為 58,000 轉而最晚斷的一根則達 1,536,000 轉。兩者相差達 26 倍。在最大應力為 36.7 kg/mm^2 的試驗中，7 個試棒的斷裂轉數最低及最高值分別是 28,000 轉及 113,000 轉，比值為 4.0。疲勞試驗的數據散佈得很廣泛，往往須要用統計的方法來處理試驗結果。圖 6.5 以中位數(median)的方法將兩個應力值下的中位轉數 38,500 及 142,700 以直線連接而成應力一轉數曲線(stress-number of cycles curve，S-N curve)。中位數代表在這一應力週期下的一批試驗，二分之一的試棒會在這一轉數達到前斷裂而另外二分之一的試棒則在轉數超過這至中位數之後才會斷裂。至於未試驗前某一根試棒會在那一個轉數下斷裂則無法預測。從圖中可看出應力值愈大，則斷裂時的轉數愈少。

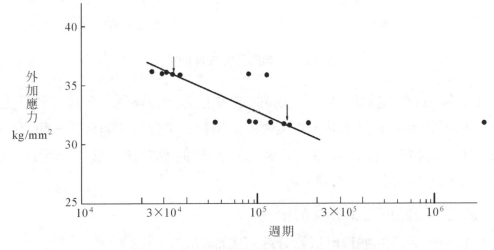

圖 6.5　含碳 0.4%碳鋼疲勞試驗 S-N 曲線圖

三、疲勞壽命、疲勞限、疲勞強度

　　圖 6.6 是完整的疲勞試驗 S-N 曲線。由 S-N 曲線，可提供兩個重要的結果，一為在某應力值下的疲勞壽命，一為材料的疲勞限。在 S-N 曲線上，某

一應力值 σ 所對應的週期次數 N，即疲勞壽命(fatigue life)。由疲勞壽命可以預測一機件在某一覆變應力之下的使用期限，由圖 6.6 可以看出，應力降低時，材料疲勞壽命隨之增長。一些工程材料如鐵、鈦等在某一特定的極限應力時，S-N 曲線變成水平，如圖 6.6(a)所示爲典型鋼鐵材料的 S-N 曲線，即應力值若低於極限應力(σ_{FL})，將不會發生疲勞破裂，其疲勞壽命可達無限次，此一極限應力即稱爲疲勞限(fatigue limit)或耐久限(endurance limit)。

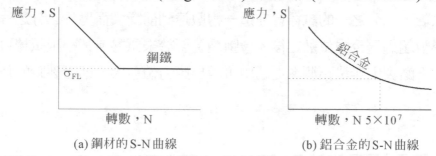

(a) 鋼材的S-N曲線　　　　(b) 鋁合金的S-N曲線

圖 6.6　材料的疲勞 S-N 曲線

至於圖 6.6(b)是以鋁合金爲代表的 S-N 曲線，如圖所示，其疲勞限並不存在，即不論應力如何降低，其疲勞壽命總有一定數值。通常這一類沒有明確疲勞限的材料，往往以 5×10^7 轉數所對應的應力作爲疲勞強度(fatigue strength)，以供設計上的依據。

四、疲勞裂縫的生成以及傳播

材料疲勞斷裂的過程可以區分爲三個時期：

1.　裂縫產生期(crack initiation period)：

裂縫的產生，大多由材料表面之異相間的界面或雙晶界面開始，可能的機構(mechanism)是材料內部的差排(dislocations)，因爲反覆的剪應力而移動到試片的表面，累積成小凹口，再擴大成裂縫。

2. 裂縫傳播期(crack propagation period)：

返復的拉應力使形成的裂縫一步一步的擴大。在這一階段裏用電子顯微鏡可以觀察到斷裂面有明顯的高低刻痕，稱爲疲勞刻痕(fatigue striation)。巨觀特徵則是可能觀察到海灘紋(beach mark)，如圖 6.7 所示。海灘紋是由長期的氧化或不同的油污環境所造成，在實際停停開開的機件中很容易找到，可是在實驗室中連續規律運轉下疲勞斷裂的試片則不容易找到。

3. 最後斷裂期(final rupture)：

試片所殘留的截面積不再足夠承擔最大拉應力而快速的斷裂。

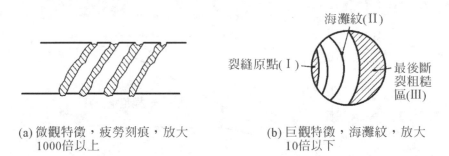

(a) 微觀特徵，疲勞刻痕，放大
1000倍以上

(b) 巨觀特徵，海灘紋，放大
10倍以下

圖 6.7　疲勞斷面的特徵

五、影響材料疲勞限的因素

影響材料疲勞的因素計有：試片表面粗糙度及凹口；表面腐蝕及表面殘留應力等。試片表面粗糙或加工時留下刀痕等都會降低材料的疲勞限。表面受到腐蝕的試片，其疲勞限也會下降。至於試片表面殘留應力的影響則視是壓應力或拉應力而定。殘留拉應力會降低材料的疲勞限，而殘留壓應力則會提增疲勞限。這是因爲殘留拉應力增加了最大拉應力值，而殘留壓應力反而降低了最大拉應力值之故。

經過珠擊(shot peening)處理後，試片的表面會殘留著一層壓應力，這一層壓應力，可以提高材料的疲勞限。例如疲勞限為 51 kg/mm² 的鋼線經過珠擊後，疲勞限提高到 62 kg/mm²，計提高了 21%。又表面滲氮也會提高疲勞強度。

疲勞限與抗拉強度的比值，稱之為疲勞比(fatigue ratio)，鋼鐵材料的疲勞比大約是二分之一，即 $\sigma_{FL} = 0.5\,\sigma_{TS}$。圖 6.8 說明表面拋光的試片，其疲勞限是抗拉強度的 1/2。但是表面有凹缺(notched)呈極粗糙的試片，其疲勞限則遠低於 1/2 σ_{TS}，幾乎呈水平關係，即疲勞限才 28 kg/mm²。

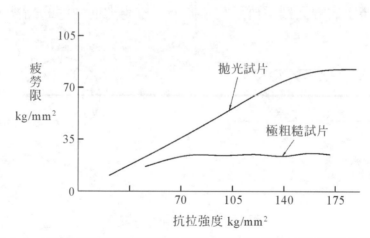

圖 6.8　鋼鐵材料疲勞限與其抗拉強度的關係受試片表面粗糙的影響

表 6.1 列出一些金屬的疲勞比，以供實驗參考。一般而言，可使材料提高抗拉強度的冶金因素，也會有較佳的疲勞性質，比如減少晶粒大小，添加合金元素，適當的熱處理等。

表 6.1 金屬材料疲勞限與抗拉強度的比值關係

金　屬	抗拉強度，kg/mm^2	疲勞限，kg/mm^2	疲勞比
含 0.18%C 的熱軋鋼	44	22	0.50
含 0.32%C 的熱軋鋼	46	22	0.48
含 0.93%C 的退火鋼	59	21	0.36
含 1.02%C 的淬冷鋼	141	74	0.52
退火銅	23	7	0.31
冷軋銅	37	11	0.30
冷軋 7-3 黃銅	52	12	0.23
2024 T 36 鋁合金	50	13	0.26
AZ 63 A 鎂合金	29	8	0.28

※參考 Harmer E. Davis, George E Troxell 及 G. F. W. Hauch,
The Testing of Engineering Materials, McGraw-Hill, 1982.

6.4 實驗步驟

1. 準備不同金屬材料的疲勞試驗試桿各 27 支。含碳量 0.45%的碳鋼是一適當的實驗材料。疲勞試驗所用之試桿，往往視試驗機的機種而有很大的差別。圖 6.5 的疲勞試驗採用圖 6.1 的回轉彎曲疲勞試驗機種。該機所用之試桿如圖 6.9 所示。

2. 試桿測試平行段及左右兩個頸部的表面必須完整，不能有車刀車製的凹缺。否則會產生嚴重的應力集中，而使材料的疲勞壽命大為減少。

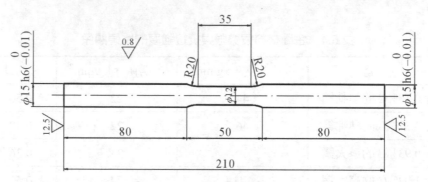

圖 6.9　疲勞試驗試桿尺寸

3. 先定出三個最大應力值，分別為該材料抗拉強度的 0.7、0.6 及 0.5 等三種。根據各疲勞試驗機的特點及疲勞試桿的尺寸，計算出相當的負重。每一負荷重量，即每一疲勞應力，測試九根試桿，並一一記錄下試桿斷裂的轉數。

4. 觀察每一根試桿斷口的特徵。

5. 將每一個應力值下的九個斷裂旋轉週數，以對數座標繪製成圖，如圖 6.5 所示。以中位數法連結繪出 S-N 曲線。

6.5　實驗結果與記錄

如表 6.2 為疲勞試驗結果記錄。

表 6.2　疲勞試驗結果記錄表

試桿編號	1	2	3	4	5	6	7	8	9
材料種類									
重錘重量 (kgf)									
最大拉應力 (kg/mm²)									
旋轉週數									
斷口位置及形態									
備註									

6.6　問題討論

1. 利用中位數法繪製出疲勞試驗之 S-N 曲線圖。若有數種材料之 S-N 曲線，可比較彼此間之異同。
2. 從試桿之同一應力下之數據散佈，檢討試桿表面是否有凹缺存在。
3. 讀者可將每一試桿之斷口特徵做詳細比較，看看能否可以找到彼此間之異同，並進一步與其壽命之長短做一關連性之探討。
4. 敘述材料疲勞斷裂之過程有那三個時期？
5. 影響材料疲勞之因素為何？
6. 何謂疲勞限(fatigue limit)？何謂疲勞強度(fatigue strength)？
7. 試繪圖說明疲勞斷面之特徵。

6.7 進一步閱讀的資料

1. CNS 4958 G2057 金屬材料之疲勞試驗方法通則。

2. CNS 7375 G2078 金屬材料之回轉彎曲疲勞試驗法。

3. CNS 7376 G2079 金屬板之平面彎曲疲勞試驗法。

4. ASTM E468 Practice for Presentation of Constant Amplitude Fatigue Test Results for Metallic Materials.

5. ASTM E739 Practice for Statistical Analysis of Linear or Linearized Stress-Life (S-N) and Strain-Life (ε-N) Fatigue Data.

6. JIS Z2273 General rules for fatigue testing of metals.

7. JIS Z2274 Method of rotating bending fatigue testing of metals.

8. ASM Handbook Volume 8: Mechanical Testing and Evaluation.

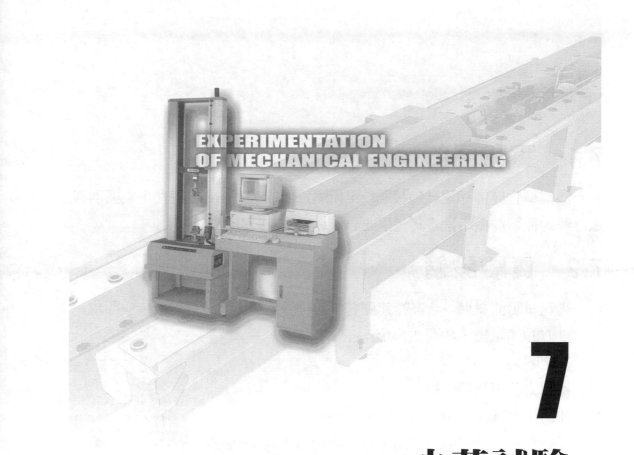

EXPERIMENTATION
OF MECHANICAL ENGINEERING

7

火花試驗

7.1　實驗目的

　　觀察鋼材與運轉之砂輪接觸時，所噴迸出的火花(spark)特性，來區別鋼鐵材料的種類並概略推定其化學成分。

7.2　實驗設備

1. 火花試驗測試櫃：含高轉速硬質粗顆粒砂輪機，及背景為黑色空間約一立方的測試櫃，如圖 7.1 所示。
2. 安全眼鏡。
3. 標準火花試驗棒一組。
4. 如情況允許，同學可自備數位相機。

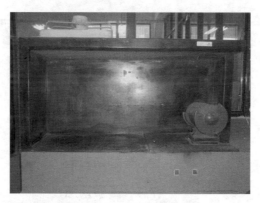

圖 7.1　火花試驗裝置

7.3　實驗原理

　　火花試驗(spark testing)是利用目視觀察、鋼鐵材料與高速轉動砂輪接觸時，所噴迸出的火花或流線(streamline)，以分類鋼鐵材料的方法，其裝置如圖 7.1 所示。火花及流線的特性，與該鋼鐵的化學成分有密切的關連。這是一種快又經濟的鋼鐵分類法。有經驗的操作員可以利用火花試驗相當準確地分辨出許多種鋼料。

　　火花試驗並不能完全取代化學分析法。它祇能提供一大概的分類。它可以成功地區別碳鋼、鑄鐵、高速鋼等，或大概地區別出純鐵、低碳鋼、中碳鋼或高碳鋼。但它卻無法眞正精確地測出鋼鐵中所含的各種化學成份。

一、火花的產生

　　火花是鋼料被砂輪刮擦成無數的微小顆粒，經砂輪的離心力拋射到空間後，在空氣中氧化而放出熾熱及火花所形成的。由於砂輪摩擦時的熱量已經很高了，再加上顆粒的微小，在空氣中的氧化作用是很強烈的，因之火花也就顯得特別光亮。

　　爲了正確地觀察火花的特性，火花試驗櫃的背景必須是黑的，並且不能直接照射到觀察者的臉部。因爲被拋射的顆粒速度很快，其光芒會在眼底產生暫留效果而成一流線。

　　火花顆粒在空氣中熾熱時，顆粒中的碳與氧作用而產生二氧化碳。大量二氧化碳的產生，使顆粒的體積膨脹，並且在顆粒內積蓄成高的氣壓，終至突然爆裂。冷卻下來的火花殘骸因之是一端裂開的中空顆粒。

　　含碳愈高，愈容易爆裂，火花的叉枝(forking)也愈多。圖 7.2 是含碳量與火花叉枝關連的示意圖。

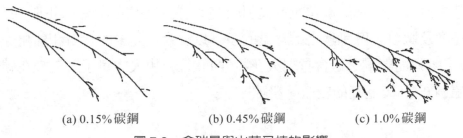

　　(a) 0.15%碳鋼　　　　　　(b) 0.45%碳鋼　　　　　　(c) 1.0%碳鋼

圖 7.2　含碳量與火花叉枝的影響

二、火花的分類

　　整個火花束可以區分為三段：(1)靠近砂輪端，被習稱為根部或花根；(2)中央段；及(3)離砂輪最遠的火花末端，被習稱為梢部或花端。

　　整束火花從特性來分，可歸成三類：(1)基本流線火花(carrier lines)；(2)爆裂的叉枝(spark bursts)；及(3)特性流線火花(characteristic sparks)。圖 7.3 為火花枝形狀的示意圖。

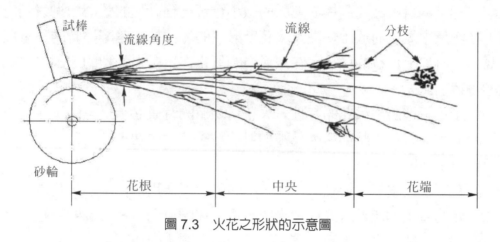

圖 7.3　火花之形狀的示意圖

三、火花的鑑別

1. 基本流線火花的鑑別

   基本流線火花是熾燒顆粒的拋射軌跡。可從流線的長短、粗細、顏色、亮度及數目來區別鋼之碳含量的多寡以及合金元素的含量和種類等。表 7.1 所列為碳鋼之碳含量對火花特性的影響，由表中可了解流線在碳含量超過 0.5% 後逐漸的變短、變細。

表 7.1　碳含量對火花特性的影響

C %	流線					火花分枝				手的感覺
	顏色	亮度	長度	粗細	數量	形狀	大小	數量	花粉	
<0.05	橙色	暗	長	粗	少	無火花分枝*				軟
0.05						2 分枝	小	少	無	
0.1						3 分枝			無	
0.15						多分枝			無	
0.2						3 分枝 2 段花			無	
0.3						多分枝 2 段花			開始有	
0.4		亮	長	粗		多分枝 3 段花	大		有	
0.5										
0.6										
0.7										
0.8	紅色	暗	短	細	多		小			硬
>0.8						複雜		多	多	

隨著碳含量的增加，流線數目由少變多，顏色由橙色轉成紅色，亮度則由暗到含碳量 0.5%最亮再逐漸暗下來。表 7.2 為合金元素對火花特性的影響。除鋼及鋁外，大部份的合金元素，如錳、鉻、鎢、矽及鎳都使流線的長度減短。除錳及矽以外，上述的各種元素都使流線的亮度減弱。

表 7.2　合金元素對火花特性的影響

影響區別	添加元素	流線火花分枝								手的感覺	特徵	
		色	亮度	長度	粗度	色	形狀	花粉	數量		形狀	置
助長碳火花分枝	Mn	黃白色	明	短	粗	白色	複雜細樹枝狀	有	多	軟	花粉	中央
	Cr	橙黃色	暗	短	細	橙黃色	菊花狀	有	不變	硬	菊花狀	花端
	V	變化少	變化少	變化少	變化少	變化少	細	—	多	—	—	—
阻止碳火花分枝	W	暗紅色	暗	短	細	紅色	水滴狐狸尾	無	少	硬	狐狸尾	花端
	Si	黃色	暗	短	細	白色	白玉	無	少	—	白玉	中央
	Ni	紅黃色	暗	短	細	紅黃色	膨脹閃光	無	少	硬	膨脹閃光	中央
	Mo	橙黃帶紅	暗	短	細	橙黃帶紅	箭頭	無	少	硬	捺頭	花端

2. 爆裂叉枝的鑑別

爆裂叉枝又可從熾光強度、大小、數目、形狀及離砂輪的距離來區分。爆裂叉枝，又稱為"碳花"(carbon spark)，是最有用的特性。如圖 7.2 及表 7.1 所示，爆裂叉枝的多寡及強度是隨含碳量而改變的。相同含碳量的碳

鋼或合金鋼，其爆裂叉枝並沒有什麼差別，所以不容易從叉枝來區分鋼種是否含合金元素。錳、鉻、及釩會促進碳的叉枝爆裂，而鎢、矽、鎳、鉬及鋁則阻延碳的叉枝爆裂。

3. 特性流線火花的鑑別

特性流線火花是合金元素在顆粒拋射時，影響其熾燒方法而導致一些特別形狀的火花。

特性流線火花的形狀，特徵與所含合金元素間的關係，茲簡述如下：

(1) 鋼鐵未含合金元素的流線火花呈細尾並稍具波折。

(2) 含鉬的流線火花先削尖成一長尖端，隔一段距離後又出現一個類似標槍頭的火花，這是一種相當容易辨認的特性火花。槍頭形火花隨含鉬之量增加而縮短。

(3) 含鋁的流線火花在中段比較粗，卻又很快地削成短端。在粗的中段上可以觀察到少數芽狀火花。

(4) 含鉛等易切削鋼的火花呈現兩條粗長的分枝。

(5) 含矽熔渣微粒鋼材的火花會呈膨脹狀。

(6) 含矽熔渣等冶鍊反應物的流線火花呈強裂的爆裂狀。

(7) 錳鐵的流線火花在末端爆裂出很多如星狀的箭花，相當美觀。

(8) 灰口鑄鐵的火花在氧化中很強裂的爆出許多短芽。

(9) 鎢對火花的影響也很大，基本上，它使流線火花呈波狀及斷續圖。

　　圖 7.4～7.18 為純鐵、機械構造用碳鋼、工具鋼、高速鋼、軸承鋼、結構鋼、不銹鋼、彈簧鋼等 15 種不同成份鋼料之火花試驗結果的照片。

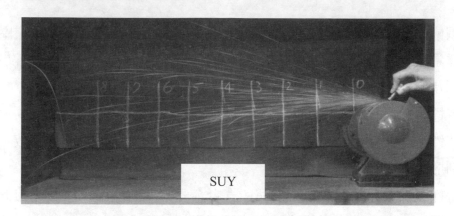

圖 7.4　SUY (Pure Iron)

C	Si	Mn	Ni	Cr
0.02	0.24	0.22	0.02	0.02

火花特性：具大量流線和極少的火花，且流線細而長

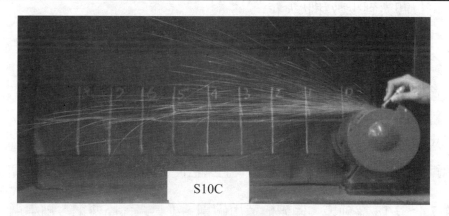

圖 7.5　S1OC (AISI 1010)

C	Si	Mn	Ni	Cr
0.1	0.19	0.43	0.056	0.16

火花特性：流線長與亮，少數流線有 3 分枝、4 分枝或多分枝

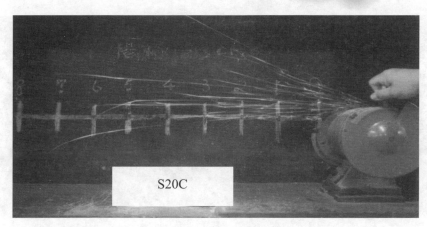

圖 7.6　S20C (AISI 1020)

C	Si	Mn	Ni	Cr
0.21	0.27	0.41	0.02	0.016

火花特性：流線明亮但數量較 S10C 少，另少數流線有 3 分枝、4 分枝或多分枝與 2 段花

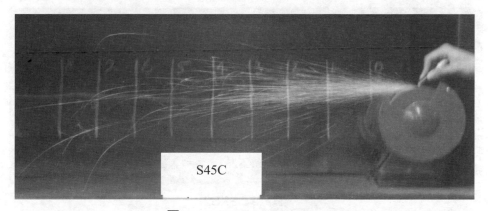

圖 7.7　S45C (AISI 1045)

C	Si	Mn	Ni	Cr
0.44	0.26	0.67	0.067	0.066

火花特性：流線多且明亮，流線有多分枝、2 段花或多段花，火花數量多分枝複雜

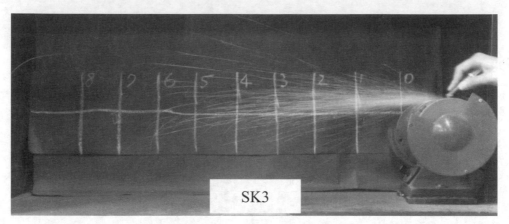

圖 7.8　SK3 (AISI W1-10)

C	Si	Mn	Ni	Cr
1.05	0.25	0.43	0.031	0.10

火花特性：流線多但較短，顏色偏暗紅，流線有多分枝、和多段花並且附有花粉

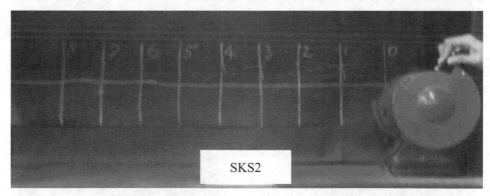

圖 7.9　SKS2

C	Si	Mn	Cr	W
1.04	0.31	0.56	0.64	1.01

火花特性：流線稀少且細短，顏色偏暗紅，出現含鎢之白鬚矛並帶有狐尾但無碳之火花

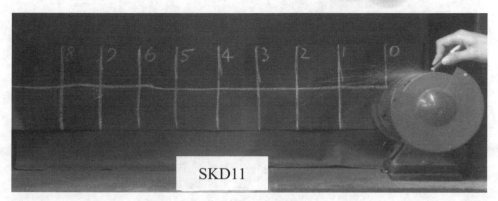

圖 7.10　SKD11 (AISI D2)

C	Si	Mn	Cr	Mo	V
1.48	0.27	0.41	11.36	0.85	0.25

火花特性：流線細又短，但數量較 SKS2 多，顏色偏紅，有小菊花狀之火花出現

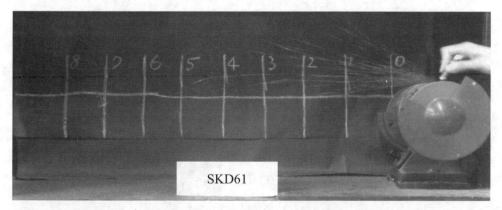

圖 7.11　SKD61 (AISI HB)

C	Si	Mn	Cr	Mo	V
0.35	0.95	0.46	5.20	1.15	0.59

火花特性：流線稍寬又厚，但有破斷現象，流線花端膨脹並帶有火花

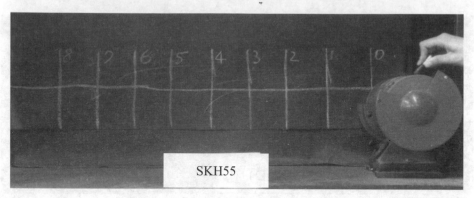

圖 7.12　SKH55

C	Si	Mn	Cr	W	Mo	V	Co
0.88	0.29	0.29	3.94	6.07	4.99	1.95	4.65

火花特性：流線呈斷續波浪狀且無碳之火花，顏色深紅，流線花端稍有膨脹，
　　　　　惟能見度低，不易觀察

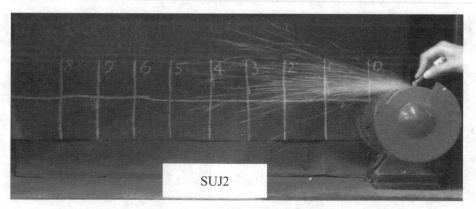

圖 7.13　SUJ2(AISI 52100)

C	Si	Mn	Cr
1.03	0.23	0.40	1.44

火花特性：流線與碳之分枝多又茂盛，顏色偏亮紅，流線有多分枝和多段花並
　　　　　且附有花粉

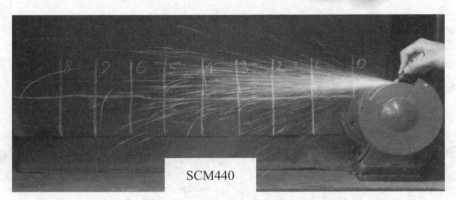

圖 7.14 SCM440(AISI 4140)

C	Si	Mn	Cr	Mo
0.38	0.21	0.75	1.04	0.16

火化特性：流線多又茂盛，顏色偏亮黃，流線有多分枝、和多段花並且附有花粉，和帶有含鉬之箭頭狀火花

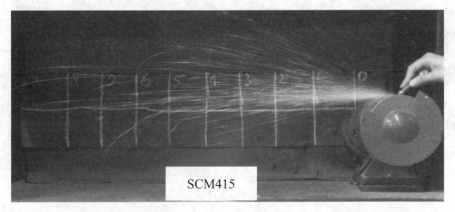

圖 7.15 SCM415

C	Si	Mn	Cr	Mo
0.14	0.28	0.72	0.99	0.16

火花特性：流線多又茂盛，顏色更亮黃，流線除有 0.2%C 碳鋼(S20C)的特性外、還帶有含鉬之箭頭狀火花

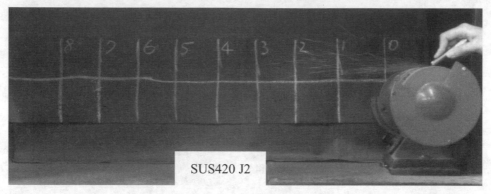

圖 7.16　SUS420 J2

C	Si	Mn	Cr
0.37	0.23	0.55	13.16

火花特性：流線短而多，顏色深紅，流線的中央及端點有多分枝

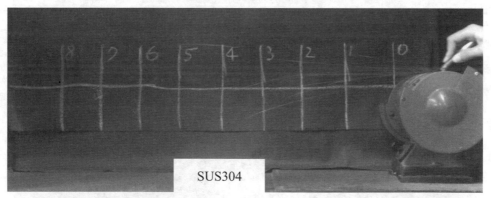

圖 7.17　SUS304(AISI 304)

C	Si	Mn	Ni	Cr
0.08	0.45	0.54	8.16	18.82

火花特性：流線少且無碳之火花，流線自中央到花端稍呈刺狀，花根附近之流線
　　　　　則稍呈斷續狀且顏色偏紅

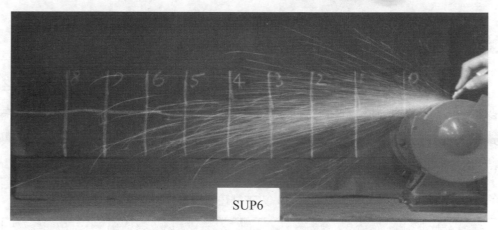

圖 7.18　SUP6

C	Si	Mn
0.64	1.73	0.90
火花特性：流線細長又茂盛，顏色偏亮黃，分枝細但流線花端較粗大，仔細觀察 　　　　　會有含矽之白玉火花		

7.4　實驗方法

1.　用直徑約 1 公分的中碳鋼鋼棒，壓在火花試驗用砂輪上，調整壓力及角度，以得到長度約 50 公分的火花。火花流線以迸射到砂輪的正前方為宜，以利目視觀察。

2.　熟練第一個步驟後，取不同含碳量的碳鋼試棒(如 0.2%、0.45%及 1%)進行火花試驗，熟悉及判定含碳量對火花特性及形態的影響。

3.　觀察其它合金鋼的火花特性以判定主要合金元素對火花形態的影響。

7.5 實驗結果與記錄

　　表 14.3 為火花試驗記錄參考表，所記載資料不如其它實驗方式所得之內容較具真實性，含有目視觀察判斷之能力因素，但實驗之結果除了可以素描方式或拍攝方式說明火花之特性外，我們仍可簡單地分別從試片之流線與火花特性來說明之。

表 7.3　火花試驗記錄表

試片編號	試片材質	流線特徵					火花特徵					備註
		顏色	明暗度	長度	大小	數量	顏色	形狀	大小	碳花情形	分枝數量	
1												
2												
3												
4												

7.6　問題討論

1. 試驗中仔細觀察火花特徵與流線特徵，除了利用記錄表記錄外，您可以嘗試應用素描方式，描繪出火花之特性，亦可進行拍攝，讓拍攝之火花圖案與描繪的作比較，以進一步討論火花之特性。

2. 何謂碳花(carbon spark)，其主要受何種要素而改變。

3. 整個火花束可區分為那三段，又從特性區分，可歸納為那三類。

4. 為何火花試驗法是一種快且經驗性的鋼鐵分類法，又其有何限制。

5. 比較不同含碳量碳鋼試棒的火花特性以說明含碳量對火花形態的影響。

6. 比較相近含碳量之碳鋼與合金鋼試棒的火花特性以說明合金元素對火花形態的影響。

7.7　進一步閱讀的資料

1. CNS 3915 G2031 鋼之火花試驗法。

2. 蔡錫鐃〝材料力學〞，1996，文京圖書公司。

3. 方治國等著〝機械材料實驗〞，1996，新科技書局。

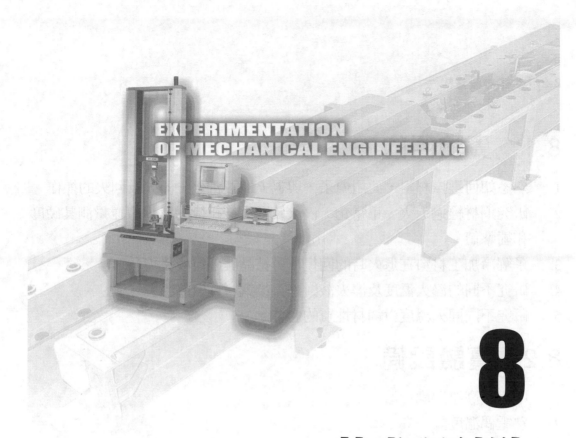

EXPERIMENTATION
OF MECHANICAL ENGINEERING

8

熱處理試驗

8.1 實驗目的

1. 熟悉如何選擇材料，使用爐子，與退火、正常化、淬火及回火的操作。
2. 研究鋼材經過退火、正常化、淬火及回火後組織的變化，並量測其硬度和衝擊值。
3. 了解冷加工材料在退火時的回復、再結晶與晶粒成長現象。
4. 研究不同的淬火溫度及淬火液對淬火後鋼材性質的影響。
5. 研究不同回火溫度對鋼材性質的影響。

8.2 實驗設備

1. 中溫、高溫熱處理爐。
2. 熱電偶溫度計一套。
3. 金相試驗設備。
4. 硬度試驗機。
5. 衝擊試驗機。

8.3 實驗原理

8.3.1 退火(Annealing)

退火是把鋼料加熱到適當的溫度，保持適當的時間後，讓它慢慢冷卻的操作。退火的目的在於使鋼料內部均質，使之軟化，消除內應力，使之再結晶以調整組織或使碳化物球化等。所以退火的方法包括均質退火(homogenization annealing)、完全退火(full annealing)、球化退火(spheroidizing annealing)、再結晶退火(recrystallization annealing)、製程退火(process annealing)、弛力退火(stress relief annealing)及恒溫退火(isothermal annealing)等。以下僅討論完全退火。

完全退火的主要目的是在於調整顯微組織，使鋼料軟化，以便改善切削或塑性加工性。作業方法參考圖 8.1 和圖 8.2，即把鋼加熱到 A_3 線(亞共析鋼)或 A_1 線(過共析鋼)上方 30～50℃的溫度範圍，保持充分的時間後，讓它在爐中(或稻草灰中)冷卻到 A_1 以下的溫度，如圖 8.2 中所示的 $abcde_1$ 路線。但若為了節省處理時間，可改用二段退火法(stepped annealing)，即當鋼料在爐中冷卻到變態完了以後的溫度(約在 550℃左右)時，可把鋼料從爐中取出，而放在空氣中冷卻；即如圖 8.2 的 $abcde_2$ 路線。

在完全退火的加熱和冷卻作業期間會發生兩次 $\gamma \Leftrightarrow \alpha +$ carbide 變態，所以利用這變態可以調整晶粒大小，或者調整波來鐵的層間距離。退火後的組織和機械性質會顯著受到冷卻變態的影響。

鋼的溫度上昇而通過 Ac_1 點時，從波來鐵中的肥粒鐵和碳化物的境界生成微細的沃斯田鐵晶粒，然後數目漸次增加，同時晶粒本身也會生長，亞共析鋼會在 Ac_3 點，共析鋼和過共析鋼會在 Ac_1 點完成變態，而組織全體變為微細的沃斯田鐵晶粒。但是以通常的加熱速率加熱時，不會在平衡圖所示的變態點就變為沃斯田鐵，而需要加熱到這變態點以上的某一溫度才會變為均勻的沃斯田鐵組織。

鋼受到冷加工時會發生加工硬化，結果伸長率，斷面縮率減少，而硬度，強度增加。加工硬化後的材料施以加熱時，隨著溫度的上昇它的內部組織和機械性質會變化。

退火剛開始硬度和其他的機械性質變化很小，但是內部應力減少很多。由於冷加工，材料內部會形成新的原子空孔或差排等格子缺陷，而在這些地方積蓄應變能。對這種狀態的材料加以熱能時，缺陷會容易移動而解放應變能，致使內部應力顯著降低。這就是所謂的回復(recovery)。

經過回復期後，當鄰接晶粒間的應變能之差為驅動力，會產生新的結晶核，而從這結晶核形成未受應變的晶粒，逐漸取代舊的晶粒，到了溫度 T_3

完全變爲新的晶粒。這種現象叫做再結晶(recrystallization)。在再結晶期間，內部應力、強度、硬度顯著下降，延性增加，也就是回復加工性。再結晶完成之後，爲了降低界面能，晶界會移動而發生晶粒的併合，使晶粒變大。這現象叫做晶粒的成長。

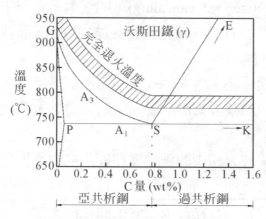

圖 8.1 碳鋼的完全退火溫度區間

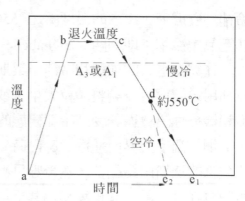

圖 8.2 退火作業方式

8.3.2 正常化(Normalizing)

把鋼料加熱到 A_{C3} 線或 Acm 線以上的適當溫度，保持適當時間後，讓它在空氣中冷卻。可以得到幾近於平衡狀態的組織，這種處理叫做正常化。正常化之目有二，一是使晶粒細化而改善機械性質，另一是調整軋延或鑄造組織中碳化物的大小或分布狀態，以利後來熱處理(常指淬火)時碳化物的分解，並藉以改善切削性，除去帶狀組織使材質均勻。正常化的方法包括普通正常化，二段正常化(stepped normalizing)及恒溫正常化(isothermal normalizing)等。在此僅討論普通正常化。

普通正常化的作業方法參考圖 8.3 和圖 8.4，即把鋼加熱到 A_3 線(亞共析鋼)或 Acm(過共析鋼)上方 30～60℃，每 25mm 厚保溫 30 分鐘，使成均勻沃斯田鐵後，於空氣中冷卻之。

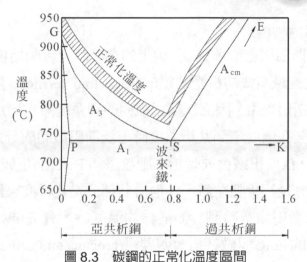

圖8.3　碳鋼的正常化溫度區間

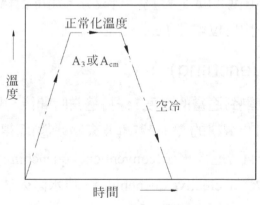

圖8.4　普通正常化的作業方式

　　下述代表性的三種含碳量的碳鋼 X(約 0.4%C)，Y(0.8%C) 和 Z(約 1.3%C)，從高溫的沃斯田鐵狀態在空氣中冷卻得到的顯微組織。

　　Y 成分的沃斯田鐵空冷到 A_1 溫度(723℃)時，從沃斯田鐵會同時析出肥粒鐵和雪明碳鐵(Fe_3C)：γ (0.8%C)→α (0.02%C) + Fe_3C (6.67%C)。這種變化叫做共析反應或 A_1 變態。所生成的組織是肥粒鐵和 Fe_3C 的層狀混合組織，通常叫做波來鐵(pearlite)。

X 成分的沃斯田鐵空冷卻到 A_3 線上的溫度時,會開始析出肥粒鐵(成分 a1)。所析出的肥粒鐵叫做初析肥粒鐵(proeutectoid ferrite)。隨著肥粒鐵的析出碳被排斥到沃斯田鐵中,因之沃斯田鐵內的碳濃度漸次增加,而會沿著 A_3 線發生變化,最後在溫度達到共析溫度時,沃斯田鐵的成分達到共析成分,在共析溫度之下,沃斯田鐵會同時析出肥粒鐵和 Fe_3C 而生成共析波來鐵。白色不規則形狀部分是初析肥粒鐵,其他層狀部分是共析波來鐵。

Z 成分的沃斯田鐵空冷到 Acm 線的溫度時,會先開始析出雪明碳鐵 (Fe_3C),而所析出的 Fe_3C 叫做初析雪明碳鐵(proeutectoid cementite)。隨著 Fe_3C 的析出,沃斯田鐵內的碳濃度漸次減少,而會沿著 Acm 線發生變化·溫度降到共析溫度時,沃斯田鐵的成分變爲共析成分。溫度繼續下降低於共析溫度時沃斯田鐵會同時析出肥粒鐵和 Fe_3C 而生成波來鐵。

8.3.3 淬火(Quenching)

淬火是把鋼料加熱到適當的溫度,保持適當時間後,再將之急冷的操作。淬火的目的主要在阻止鋼料的 $A_{\gamma 1}$ 變態(波來鐵變態)而得到高硬度的麻田散鐵組織。淬火的方法有普通淬火法(conventional quenching)、計時淬火法(time quenching)、局部淬火法(selective quenching)、噴水淬火法(spray quenching)、加壓淬火法(press quenching)、不完全淬火法(slack quenching)及恒溫淬火法(isothermal quenching)等。在此介紹普通淬火法和計時淬火法。

普通淬火法可參考圖 8.5 和圖 8.6,即把鋼件加熱到 A_3 線(亞共析鋼)或 A_1 線(過共析鋼)上方 30～50℃的溫度範圍,保持充分時間(每 25mm 厚約 20～30 分鐘)後急冷。從爐中取出的鋼件,在冷到 A_{γ}'' 變態前之臨界區域(火色消失的溫度)內要儘快冷卻(例如淬入水中或油中)。而在 A_{γ}'' 以下的溫度區域,則應改採徐冷(例如空氣冷卻或溫水冷卻),免得冷卻過快,造成鋼件淬裂或變形的危險(故稱爲危險區域)。

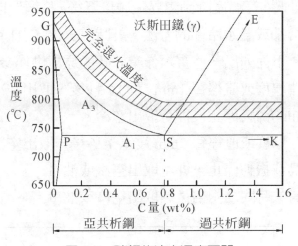

圖 8.5 碳鋼的淬火溫度區間

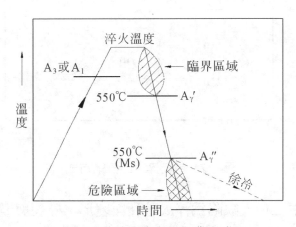

圖 8.6 普通淬火的作業方式

計時淬火法是利用時間來控制冷卻過程,如圖 8.7 所示。即在普通淬火的冷卻過程小心計時,等溫度降到臨界區域以下後,將鋼件自淬火液(水或油)取出,改爲空氣冷卻或溫水冷卻的方法。計時淬火之"計時"正確與否,關係著淬火的成敗。下面列出一些實際作業計時的原則供作參考:

1. 淬油者,鋼件厚度或直徑每 1mm 浸油 1 秒後,取出空冷。
2. 淬油者,在油的沸騰停止後即可取出空冷。
3. 淬水者,鋼件厚度或直徑每 3mm 浸水 1 秒後,取出空冷或油冷。
4. 淬水者,水鳴或振動停止,即可取出空冷或油冷。
5. 淬水到火色消失時間之兩倍後,取出空冷或油冷。

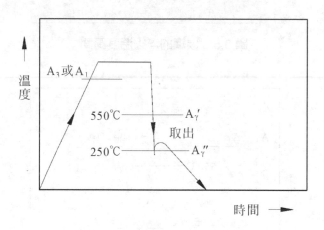

圖 8.7 計時淬火的作業方式

淬火可能發生之最大缺陷爲淬火破裂與變形。破裂與變形發生的原因是由於急冷所發生之熱應力,或由沃斯田鐵變爲麻田散鐵之膨脹變態應力所致,實際上破裂與變形是由這二種因素共同構成的。

鋼自高溫急冷時,外部比內部較易冷卻而收縮快,所以內部比外部所受之壓力要大,但溫度尚在高溫時容易發生塑性變形,隨溫度之下降其變形則漸次困難，結果在內部發生抗張應力，而外圍部受到壓縮應力，由於此熱的原因，材料僅發生歪曲變形，而不致於發生破裂。但是鋼自淬火溫度急冷時，在 300℃ 或下降至低於此溫度時，首先在外部起 A_γ'' 變態而發生異常膨脹，但內部尚在繼續收縮，而造成內外膨脹之差愈大，至其拉伸應力達鋼之強度以上時則發生破裂。此破裂狀態如圖 8.8 所示，破裂之寬度在中心部分較寬，同時亦可出現在圓周附近。由此可知這乃是內部所受之張力大於外部所發生的。

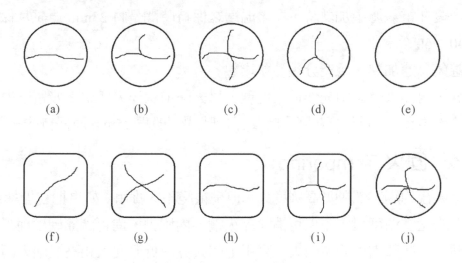

圖 8.8 工件淬火時可能的破裂形狀

為防止淬火破裂必須注意下列幾項因素：

1. 淬火時必須減少材料內外溫度差。淬火硬化時為了要避免發生 A_γ' 變態，必須急速冷卻，但至 A_γ'' 溫度附近時則應緩慢冷卻，以減少鋼材表面與內部之溫度差。A_γ'' 之麻田散鐵變態僅在下降至其 M_s 點以下才會發生，而與自 M_s 點以下之冷卻速率幾乎無關。如果在 M_s 點以下急冷時，外側比內側先生成麻田散鐵，則表面容易發生淬火破裂。

2. 工具形狀之設計應避免在冷卻時局部發生較大之溫度差，避免有極大的厚度差異，鍵槽、內圓角半徑較小之處、油孔、刻印等處易發生破裂。

3. 應去除脫碳層，由於脫碳層的存在，使碳分佈不均勻，淬火時會在不同部位形成不同含量的殘留沃斯田鐵，而在爾後轉換成麻田散鐵變態所產生之膨脹量亦不同，是造成易變形的原因。

4. 適當控制淬火溫度，如果淬火溫度之保持時間比規定的時間要短時，組織中碳化物等有效成分的擴散與固溶不充分，無法獲得預期淬火硬度。一般在電氣爐中加熱時，淬火溫度之保持時間是將 25mm 厚試片保溫約 40～60 分。

5. 避免急速加熱，應充分預熱並均熱。

6. 欲施再淬火時必須先作退火處理，以去除前次淬火所生之殘留應力。

7. 淬火後應速即回火，在回火時其保持時間一般為 25mm 厚保持約三小時。

8.3.4　回火(Tempering)

淬火後的鋼雖然硬度高強度大，但是很脆不太實用。如果把它加熱到 A_1 線以下的適當溫度裏，不但可消除淬火鋼的內應力，尚可調節硬度而得到適當的韌性，此種處理叫做回火。實用上回火分成低溫回火和高溫回火兩種。

低溫回火時，將淬火鋼加熱至 150～200℃，保持一段時間後，置於空氣中冷卻以消除淬火鋼的內應力，這使鋼件尺寸安定而硬度不致損失。用高碳鋼做成的刀具，工具等，經淬火後常須再施以低溫回火。

高溫回火則將淬火鋼加熱至 500℃ 以上的溫度，保持一段時間後，再空冷或水冷之。以降低硬度而提高延性及韌性。構造用鋼不但需要相當高的強度，也要有較大的韌性，故構造用鋼淬火後常再施以高溫回火。鋼之淬火組織是由麻田散鐵與殘留沃斯田鐵及碳化物所組成的。室溫時碳在麻田散鐵成過飽和狀態，因沃斯田鐵為不安定之組織，這兩種組織在回火的過程中，會分解成安定之肥粒鐵與碳化物而恢復至平衡狀態，這變化隨溫度與時間之增加而連續變化。圖 8.9 為淬火後碳鋼在回火過程中組織變化的說明圖。

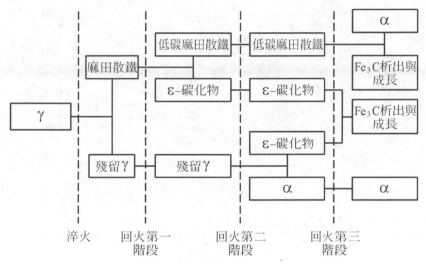

圖 8.9　淬火碳鋼在回火過程中組織變化的情形

合金工具鋼淬火後再施以回火處理，其組織變化除上述三階段外，在 400～600℃時，麻田散鐵內的 W，Cr 或 V 等元素會與 C 化合成合金碳化物，析出於麻田散鐵基地內，使硬度不降反昇，此因回火而使硬度再度增加的現象叫二次硬化(secondary hardening)。把淬火後的鋼料回火時，隨著回火溫度昇高，鋼的強度和硬度會逐漸減少，而延性和韌性增加。因回火而發生的機械性質變化如圖 8.10 所示。這圖表示回火溫度和機械性質的關係。圖中的曲線叫做回火性能曲線。鋼的含碳量或其他特殊元素的含量不同，回火性能曲線也不盡相同。就實用上的立場而言，有這種圖就容易推估鋼回火到某一預定溫度時，可得何種機械性質。或者，要得到預期的某種機械性質時，應該選擇何種回火溫度。一般來說，實施淬火及回火的鋼料，它的抗拉強度，降伏強度較只施軋延，退火或正常化的鋼料高，尤其降伏強度的增加最為顯著。

再和相同強度的正常化處理的材料相比較時，實施淬火及回火的材料之斷面縮率高，而富有韌性。

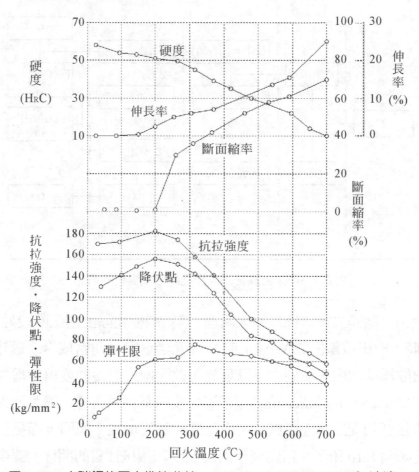

圖 8.10　中碳鋼的回火性能曲線，0.4%C，0.72%Mn，843℃油淬。

8.4　實驗方法

一、退火及正常化

1. 取低碳鋼，中碳鋼，高碳鋼(如 AISI 1020，1045，1080)為材料，切割成高度約 20mm，直徑約 10mm 的試片或加工成衝擊試棒。將試片打上分類及編號。

2. 將材料置於電爐內，加熱至適當的退火溫度，保持 1 小時後，將正常化之材料取出空氣冷卻，退火之材料則繼續放於爐中冷卻。

3. 試片冷至常溫後，做金相實驗，觀察組織變化情形，和熱處理前材料組織做一比較。

4. 做硬度實驗或衝擊試驗，比較熱處理前後機械性質的改變。

5. 將實驗結果記錄在表 8.1。

二、淬火與回火

1. 取 AISI 1080 的鋼棒，切割成高度約 20mm，直徑約 15mm 的試片或加工成衝擊試棒共 16 個，並用字模於試片上刻打號碼。

2. 將 1080 試片 16 個分為各 8 個二部份，分別放到 900℃和 800℃爐中加熱 20 分鐘。

3. 將每爐 8 個 1080 試片分為二組，4 個淬於水中(W)，另 4 個於油中(O)。

4. 測量各個試片的硬度，並觀察其金相。

5. 把經 900℃(W)，900℃(O)，800℃(W)和 800℃(O)等淬火後的四組試片，每組 3 個分別放置於 200℃，400℃，600℃爐中回火 1 小時。

6. 測量步驟 5 各試片的硬度和衝擊值，並觀察金相。

7. 將實驗結果記錄在表 8.2。

8.5 實驗結果與記錄

表 8.1 材料經熱處理前後機械性質變化記錄表

原材質名　稱	規格	原材金組	質相織	原材質機械性質		熱處理方式		熱處理後金相組織	熱處理後機械性質		備註
				衝擊值 (J/mm²)	硬度 (HBN)	加熱速率	加熱溫度		衝擊值 (J/mm²)	硬度 (HBN)	

表 8.2　AISI1080 熱處理(淬火及回火)前後機械性質與顯微組織的變化

AISI 1080			
熱處理條件	衝擊值 (J/mm^2)	硬度 (HBN)	金相組織圖
熱處理前			
900℃(W) 不回火			
900℃(W) 200℃回火			
900℃(W) 400℃回火			
900℃(W) 600℃回火			
900℃(O) 不回火			
900℃(O) 200℃回火			
900℃(O) 400℃回火			
900℃(O) 600℃回火			
800℃(W) 不回火			
800℃(W) 200℃回火			
800℃(W) 400℃回火			
800℃(W) 600℃回火			
800℃(O) 不回火			
800℃(O) 200℃回火			
800℃(O) 400℃回火			
800℃(O) 600℃回火			

8.6 問題與討論

1. 說明退火與正常化操作的主要目的。
2. 說明相平衡圖與共析鋼正常化組織的關係。
3. 試著去了解影響材料再結晶溫度的因素。
4. 何謂淬火危險區域及臨界區域?說明其所以成為危險與臨界之原因,在熱處理上要如何應付?
5. 以回火溫度為橫座標,衝擊值或硬度值為縱座標作圖,並討論之。
6. 為何亞共析鋼之淬火溫度要在 A_{c3} 以上,而過共析鋼則在 A_{c1} 以上即可?
7. 任舉一組淬火試片說明經 200℃、400℃、600℃回火時,其硬度與金相組織的變化。
8. 由實驗結果說明淬火溫度對材料硬度的影響。
9. 由實驗結果說明淬火液對淬火結果的影響。

8.7 進一步閱讀的資料

1. 林本源等著 〝熱處理〞,1994,高立圖書公司。
2. 黃振賢著 〝金屬熱處理〞,1996,文京圖書公司。
3. 林樹均等著 〝材料工程實驗與原理〞,1995,全華圖書公司。
4. 楊義雄譯 〝熱處理 108 招祕訣〞,1995,機械技術出版社。
5. Metals Handbook, 9th ed., Vol.8, 1985, ASM.

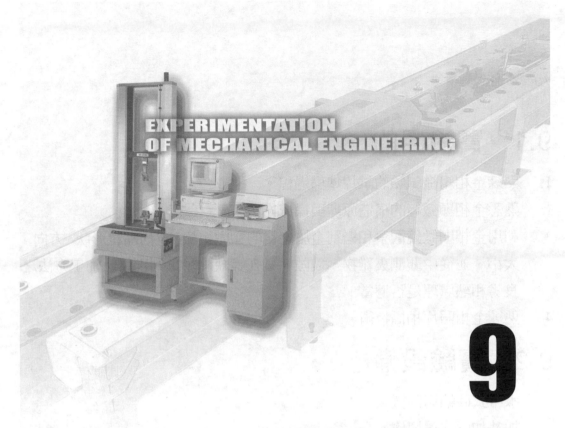

EXPERIMENTATION
OF MECHANICAL ENGINEERING

9

金相顯微鏡試驗

9.1 實驗目的

1. 熟練金相組織試驗的試片準備過程。
2. 熟悉金相顯微鏡的構造原理與操作方法。
3. 利用金相顯微鏡觀察和鑑別金屬材料的顯微組織，包括晶粒形狀、方向、大小，並從中觀測夾雜物、裂隙、氣孔等缺陷，以判別材料加工方法之良劣和熱處理是否適當。
4. 熟練金相照片拍攝技術。

9.2 實驗設備

1. 水冷式砂輪切割機。
2. 加熱加壓式鑲埋機。
3. 碳化矽或金鋼砂紙。
4. 研磨拋光機。
5. 熱風吹風機。
6. 金相顯微鏡，手動壓平器和照相設備。
7. Al_2O_3 粉、Cr_2O_3 粉或鑽石拋光劑、蒸餾水、腐蝕皿、腐蝕液、棉花、夾子、玻璃板和油泥等。
8. 冷鑲材料(環氧樹脂及硬化劑，或酚樹脂)。

9.3 實驗原理

　　金相實驗是利用金相顯微鏡檢查金屬內部顯微組織的最基本過程。因為顯微組織會直接影響材料的機械性質，所以金相實驗是一種不可忽略的材質檢驗法。

　　金相顯微鏡觀察原理如圖 9.1 所示。從光源射出的光線，經過透鏡調整後，以三稜鏡或透明平面玻璃，把部份光線轉向垂直下射，經物鏡投射在試片表面上，然後由試片表面反射回來的光線，依序透過物鏡，平面玻璃及目鏡的放大，進入觀察者的眼睛。此時眼睛觀察到的只是相同亮度之光，亦即只有明亮之光而已。此時若用適當的腐蝕液腐蝕試片表面，隨著材料組織之差異，腐蝕作用也就不同。試片的相界及晶界，特別易受腐蝕形成凹斜槽。當垂直於試片的光線照到此凹斜槽時，不再垂直反射，而是轉向，如圖 9.2，所以此處眼睛所觀察到的呈黑色，其他的平整區則呈亮白色。因此組織遂形成明暗的區別，藉著此種差異，我們得以觀察材料內部的微細組織。

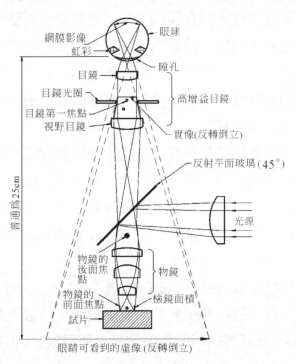

圖 9.1　金相顯微鏡的原理

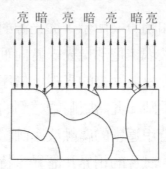

圖 9.2　蝕腐後試片表面光線反射圖

　　材料的內部結構，依照尺寸之大小順序可以區分為原子結構、晶體結構、顯微結構、及巨觀結構等。原子結構不受任何物理及化學方法的影響而改變。晶體結構是原子在三度空間作規則而又可重複排列的結構體，基本上在某一溫度範圍內，是不會改變。但也有一些元素的晶體結構在高低溫時各有不同－例如鐵在 912℃ 以上是面心立方體結構，而 912℃ 以下時則成體心立方結構。值得注意的是彈性變形會使晶體的尺寸略為改變，而塑性變形則一點也不會改變材料的晶體結構。

　　顯微組織及巨觀結構都會受到熱處理及機械加工處理的影響。相同化學成份的材料經過不同的熱、機處理，便具有不同的顯微組織，其機械性質也因之而異。比較上，顯微組織要比巨觀組織更容易受熱處理的影響。大致上，放大倍率在 50 倍以上所觀察到的金相結構稱為顯微組織，而 50 倍以下的則稱為巨觀組織。

　　顯微組織包括差排(dislocation)、疊差(stacking fault)、晶粒、雙晶、夾雜物及微裂縫等。前二種組織須要利用放大倍率可達數十萬倍的電子顯微鏡才能觀察到。晶粒、晶界等組織的特徵則可以運用放大倍率可達 2000 倍的金相顯微鏡來觀察。

　　金相顯微鏡是一種反射光式的光學顯微鏡，生物顯微鏡則屬於穿透光式。

　　利用金相顯微鏡檢查顯微組織的實驗可分成三大階段：準備試片、顯微鏡觀察、攝影技術等。每一階段又分成幾個步驟，茲分別敘述如下。

9.3.1　準備試片

　　準備試片是整個金相試驗最重要的一環，有好的金相試片，才能顯示出眞正的顯微結構，它包括 1.取樣、2.鑲埋、3.研磨、4.拋光、及 5.浸蝕等五道手續。

一、取樣

　　要用金相顯微鏡檢查顯微組織的物件，其體積及重量往往會超過顯微鏡所能承載的限度。爲了方便，適當尺寸的試片必須從物件上切割下。試片的大小，以拇指及食指能穩穩捏仕爲原則，其參考尺寸是直徑 10～30mm，高 20mm 爲一適當的大小。切割取樣時，必須用冷卻液冷卻整個物件，以避免試片過熱，而改變材料的結構。取樣時，要先設計試片的方位，以便觀察到要檢查的部位。取樣是整個金相檢查的第一步，也是最重要的一道手續，必須耐心地進行。

　　大件的切割可用機械加工廠裏的適當切割機，或用實驗室型的水冷式砂輪切割機。較小的物件則可用實驗室用的鑽石輪片切割機來從事取樣。

二、鑲埋

　　當試片太過薄小不易握持時，或欲觀察試片邊緣組織時，試片就需要鑲埋。鑲埋的方法可分成加熱加壓鑲埋法和冷鑲埋法兩種：

1.　加熱加壓鑲埋法：
　　依序將試片和粒狀的酚樹脂放入鑲埋機的上柱塞與下柱塞間，經加壓(50kg/mm^2)和加熱(170～180℃)，使酚樹脂與試片融合成圓柱體，再用水冷卻至室溫後，打開洩壓閥並移去上柱塞，再鎖緊洩壓閥，藉油壓頂出鑲有試片的硬圓柱體。

2.　冷鑲埋法：

把金屬管(或塑膠硬管)內壁塗上一層凡士林以利脫模，再將試片用夾子固定，放入金屬管中，然後把事先混合好的環氧樹脂及硬化劑倒入金屬管內，數小時後將硬化，再從管中頂出鑲有試片的透明圓柱體。環氧樹脂和硬化劑混合時，其重量比應詳細參考說明書。

三、研磨

經過取樣或鑲埋好的試片，必須將要檢查的那一面先磨平再磨光。這研磨過程是先用粗顆粒的砂紙將試片面研磨平，再以較細的砂紙，將前一次的研磨痕研完全磨掉。在每換一級砂紙時，將試片轉 90 度，使舊痕跡的方向剛好垂直於新研磨方向，可以有效地區分出新舊痕跡。由於新痕跡較細，可以很清楚地看出舊痕跡是否已經完全研磨掉。

研磨時，用二指或三指穩穩捏住試片，將試片按在砂紙上，慢慢地往前推出約 20 公分或略短於一張砂紙的長度，然後將試片拿離開砂紙，回到原來的位置，將試片按下接觸砂紙再度往前推出。在試片回程中，如果不將試片拿離砂紙，而繼續地壓磨回來，很容易造成嚴重弧面的試片。不成平面的試片，在金相觀察時，很容易導致影像的扭曲及不能聚焦。

以碳化矽顆粒黏貼在紙上的研磨用砂紙其粗細的分法是以數目來區分，目數愈大，顆粒愈小。一般上區分成 60、120、180、240、320、400 及 600 目等。60 目及 120 目砂紙是用做粗磨用的，180 目以上的紙則用為細磨用，細磨的最後一級必須要經過 600 目的砂紙。以金剛石(二氧化矽)顆粒製成的研磨紙則習慣上編號為 3、2、1、1/0、2/0、3/0 及 4/0 等級來區分粗細。4/0 是最細的一級。4/0 級金剛的顆粒與 600 目上的碳化矽顆粒粗細相當，約等於

15 微米。

　　研磨時，可用水或媒油做為濕式研磨的媒介。如果一般實驗室工作檯是作為研磨檯，則研磨紙應該放在厚度約 5mm 的玻璃板上，以確保一平整的工作面。研磨的方式可分為手動式研磨法與機械式研製法：

1. 手動式研磨法

　　手動式研磨法亦常使用濕式研磨器。研磨器上分裝 240#，320#，400#，600#的四種耐水砂紙，並附有給水裝置，使砂紙上形成一層薄的水膜，增進研磨效率，縮短研磨時間。

2. 機械式研磨法

　　常使用帶式轉動研磨機或圓盤式轉動研磨機進行研磨。研磨時抓妥試片輕壓砂紙上即可進行細磨。

　　細磨時不管是採用手動式或機械式研磨法，常又可各自細分為濕磨乾磨兩種。經比較後發現濕磨較乾磨具有下列多項優點：

1. 試片的研磨屑被水沖除，可保持砂紙磨粒的銳利。
2. 試片被充分冷卻，不會因摩擦生熱而使表層顯微組織起變化。
3. 砂紙脫落之磨粒也會被水帶走，可避免磨粒者埋入試片表面。
4. 可縮短研磨時間。

四、拋光

　　拋光的目的是要除去細磨後試片上殘留的磨痕及缺陷層，以產生平整、無磨痕而如鏡面的表面，以便作精確的顯微組織觀察。拋光可分成機械拋光及電解拋光兩種，謹將機械拋光介紹如下。

　　機械拋光是在加有拋光劑的旋轉圓布輪上進行，所用的機械種類甚多，使用為迴轉式圓盤研磨機。拋光時抓緊試片，把待拋光面輕壓旋轉圓布輪上，並將拋光劑(氧化鋁粉懸浮液)噴到旋轉的圓布輪上，以拋光試片。拋光時試片不宜固定在同一位置，應把試片沿圓布輪的法線方向來回運動使圓布輪均勻磨耗，並避免試片產生單方向的痕跡。

　　依拋光的程度常可分成粗拋光和精拋光兩階段。粗拋光時，圓布輪旋轉速度宜在 550rpm 左右，並採用棉布或尼龍布，而拋光劑常用 1～15μ 的氧化鋁粉懸浮液。精拋光時，轉速宜降為 300rpm 左右，並改採用含有多量絨毛的直紋絨布或更高級的純羊毛布，拋光劑亦改用 0.05～0.3μ 的氧化鋁粉懸浮液。此外，鑽石拋光劑也逐漸推廣使用到試片拋光，對硼化碳、燒結鎢等極硬的材料勢必用它不可；而對石墨鑄鐵及含矽的鋁合金等含有軟相及硬相的材料，使用鑽石拋光劑也可獲得良好的拋光面。鑽石拋光劑有油溶性和水溶性或粉狀，顆粒最小的可至 0.25μ。

　　拋光時，最好每一種粒度的拋光各自單獨使用一個圓布輪。另外為避免拋光面受到刮傷，每次拋光前須將試片及手清洗乾淨，以防止粗顆粒落到細顆粒圓布輪上，而造成較深的刮痕。

　　拋光完成後，先用水清洗，以除去氧化鋁粉，再用酒精清洗除去水份，最後用熱風式吹風機吹乾，以便腐蝕作業。若有大量試片需要拋光時，可使用全自動研磨機來拋光，以期在短時間內得到大量拋光良好的試片。

五、浸蝕

　　拋光後的試片，大部份材料並不能顯出其顯微結構。只有少數幾種材料，拋光後即可顯出部份結構。例如石墨鑄鐵，因為石墨的反光不同，在拋光面上便能清晰地用顯微鏡檢出石墨。鋼鐵內的夾雜質，如 FeS、MnS_2 或熔渣等都可以在拋面上直接觀察到。浸蝕是利用化學藥品，將拋光面做輕度的腐蝕，使試片金相顯微鏡下可以顯出細緻結構的方法。在化學藥品的腐蝕作用之下，各種相界及晶粒界，特別容易受到侵蝕而造成傾斜帶。當垂直於試片的光束照到這一種坡帶時，便反射離開而無法進入顯微鏡的物鏡。因之這一些斜坡在使構成一暗的對比，其他的平整區則構成亮的對比。

　　浸蝕的方法基本上分浸入法及擦拭法兩種。浸入法是將整個試片表面浸入浸蝕藥劑裡，擦拭法則利用棉花棒沾吸浸蝕液，然後用之擦拭試片表面。基本上，兩種方法都可以得到滿足的結果。由於浸蝕的化學反應速率受溫度高低的影響，最佳浸蝕時間也就因之而異，控制浸蝕時間最好的方法是先用較短的時間浸蝕，將試片清洗，吹乾後，先用顯微鏡觀察，有了一個經驗及印像之後，再做較長時間的浸蝕。從試片表面顏色的變化，也可以有效地控浸蝕時間。最佳的浸蝕，除了可以顯出觀察的顯微結構外，還可以提供明暗對比清楚的結構。浸蝕手續是整個觀察過程中很重要的一階段，必須耐心地去操作及體驗。表9.1為顯微鏡組織常用之腐蝕液。

　　試片如需長時期保存，應預防空氣潮濕，而將之保護在特製的保存櫃或玻璃製密封之乾燥瓶內。保存櫃或乾燥瓶內皆存放有藍色的粒狀乾燥劑，當乾燥劑吸收的水分漸多後漸由藍色轉為淡色，此時乾燥效果變差，須將乾燥劑重新烘乾再使用。

表 9.1　顯微組織觀察用腐蝕液

腐蝕液		用途
1	硝酸酒精溶液(Nital) 硝酸　　　　　　　1～5CC 乙醇或甲醇　　　　100CC	顯示出鋼鐵中波來鐵和肥粒鐵的晶界，並顯示肥粒鐵和麻田散鐵的差別。腐蝕 時間數秒～1 分鐘。
2	苦味酸酒精溶液(Picral) 苦味酸　　　　　　　4 g 乙醇或甲醇　　　　100CC	顯示碳鋼、低合金鋼及鑄鐵的淬火、回火組織。但不腐蝕肥粒鐵相，故不顯示 其晶界。腐蝕時間 10 秒～2 分。回火 鋼 10～20 秒。淬火鋼 1 分鐘以上。正 常組織 30 秒～2 分。
3	氯化第二鐵　　　　　5 g 鹽酸　　　　　　　50 CC 水　　　　　　　　100 CC	適用於沃斯田鐵系不銹鋼，以棉布浸液擦拭表面，30sec 以下，水洗淨後再用酒精沖洗之。
4	鹽酸　　　　　　　100 CC 氯化第二銅　　　　　5 g 乙醇　　　　　　　100 CC	適用於沃斯田鐵鋼、肥粒鐵鋼。
5	氨水　　　　　　　20 CC 過氧化氫(3%)　　8～20 CC 水　　　　　　　0～20 CC	適用於銅及銅合金。鋁青銅腐蝕所產生的覆膜，可用弱 Grard 液消除之。
6	氯化第二鐵　　　　25 g 鹽酸　　　　　　　25 CC 水　　　　　　　　100 CC	適用於銅、黃銅、青銅、鋁青銅等。
7	氫氧化鈉　　　　　　1 g 水　　　　　　　　100 CC	一般用，擦蝕 10 秒。

表 9.1　顯微組織觀察用腐蝕液(續)

	腐蝕液		用途
8	硝酸(濃) 水	25 CC 75 CC	α-Al-Fe-Si 合金用。顯現 $FeAl_3$。在 70°C 腐蝕液中浸蝕 45～60 秒。
9	硝酸酒精溶液(Nital) 硝酸 乙醇或甲醇	 1.5 CC 100 CC	一般用，腐蝕數秒～1 分鐘。
10	Palmerton 試液 鉻酸(99.5%) 硫酸鈉 水	 200g 15g 1000 CC	鋅及鋅合金用。
11	鹽酸 乙醇	2 CC 98 CC	適用於腐蝕純錫晶界。
12	冰醋酸 過氧化氫(30%)	3 份 1 份	用於 Pb，Pb-Ca 合金和含 Sn 大於 2%的 Pb-Sb 合金。
13	硝酸 冰醋酸	50 CC 50 CC	Ni 蒙納合金，Ni-Cu 合金用。25%以下的 Ni 合金以 25～50%丙酮稀釋。使用新液擦蝕 5～20 秒。
14	王水 硝酸 鹽酸 水	 5 CC 25 CC 30 CC	用於 Pt，Pt 合金及 Au 合金。腐蝕液宜加溫煮沸水後使用。

9.3.2　顯微鏡觀察

金相顯微鏡是利用試片表面反射光線而成像的顯微鏡。光學系統包括照明、物鏡及目鏡三大部份。機械系統則包括可上下及左右前後移動的試片檯。上下移動又分粗調及微調以聚焦試片的影像。左右及前後移動則提供選擇適當的觀察區域。一般目鏡的倍率是 10 倍，而物鏡則有 5×、10×、20×、40×、80×及 100×等，可選用須要的倍率。

受到解析力的限制，光學金相顯微鏡的有效放大倍率，最高只能到達 2000×。解析力除受到可見光波長的限制外，也受到透鏡系統在成像時的各種扭曲的限制。

一、顯微鏡的操作

試片完成腐蝕後，首先於載物片上面放下塊的油泥土，再放上試片(檢查面向上)，然後蓋上一張白紙，一起放入壓平器中壓平，則載物片底面將和試片檢查面平行。接著把載有試片的載物片放到顯微鏡載物台上，此時試片檢查面與顯微鏡的光軸，將會成直角。

觀察時，除了調昇或降低臺面以聚集影像外，必須注意調節照明系統上的兩個光圈，以得到最佳的解析及對比。適當的光孔光圈可以得到最佳影像解析，而視野光圈則會影響像的對比。光孔光圈的調節方法是將試片影像焦聚好後，把目鏡移開，隔動隔膜，使光圈略小於物鏡的背凸鏡。而視野光圈的調節方法是，將目鏡調換時都應該重新調節光孔光圈。

一般顯微鏡的操作包括下列步驟：

1. 將載有試片的載物片放到載物台上。
2. 調整載物臺高度。
3. 打開電源，調整電壓。
4. 先用目鏡和低倍率物鏡配合粗調鈕來對焦點。

5. 調整瞳孔距離尺和屈光度調整環。

6. 轉動物鏡轉塔的側緣，改變到所要的倍率，並重調焦點。

7. 修正照明系統，調整光亮度。

　　而為獲得良好的顯微鏡操作品質與觀察結果，在操作顯微鏡時應注意下列的事項：

1. 拆卸鏡頭時，要先拆物鏡，再拆目鏡。裝鏡頭時恰好相反，要先裝目鏡，再裝物鏡。如此可避免灰塵落入顯微鏡中。

2. 轉換不同倍率的物鏡觀察試片時，要握著物鏡轉塔的側緣來轉動，不可握著物鏡來迴轉物鏡轉塔，免得光軸產生偏差。

3. 升高載物台或轉換不同倍率的物鏡時，要絕對避免物鏡和試片表面相接觸。

二、顯微結構的認定

　　材料的顯微結構除了先天性受到材質本身的限制外，更受到製造過程中的熱處理及機械處理的影響。由於材料種類甚多，熱處理及機械處理的多種變化，在短短的幾小時中要學會辨認出許多顯微結構是不容易的事。

　　事實上，要學會顯微組織的辨認，最佳的方法為有系統地將某一種材料做廣泛地熱處理和不同的機械處理，然後比較其中顯微組織的異同。

　　圖 9.3 是球狀石墨鑄鐵的顯微結構。從這一張照片顯示出球狀石墨鑄鐵的許多顯微結構特性：

1. 該種鑄鐵的石墨呈接近圓形的球狀。

2. 在石墨的四週有一層環狀肥粒鐵。

3. 該顯微結構的大部份是黑白相間的區域，稱為波來鐵。

4. 在肥粒鐵上可以看出細的邊界，這表示邊界兩邊肥粒鐵的晶體有不同的方位。

圖 9.3 球狀石墨鑄鐵的顯微結構

在圖 9.2 中，說明了因晶粒方位不同而造程的晶界。晶界因有較高的彈性應變能，在浸蝕中容易受到腐蝕而成一斜坡，使光線不容易進入顯微鏡的光學系統中，而成一暗對比的影象。這種說明也一樣適合於解釋圖 9.3 中肥粒鐵環內的邊界。

鋼合金、鋁合金及其它各種工程材料的顯微結構都各有其特性。要了解各種材料的顯微結構，必須配合基本工程材料的內容及教師的循序系統介紹，才能收到事半功倍的效果。

圖 9.4 是一些金屬材料的顯微結構照片。

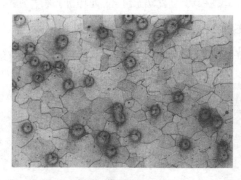

(a) 肥粒鐵　　　　　　　　　　　(b) 上變韌鐵

圖 9.4 金相顯微結構照片

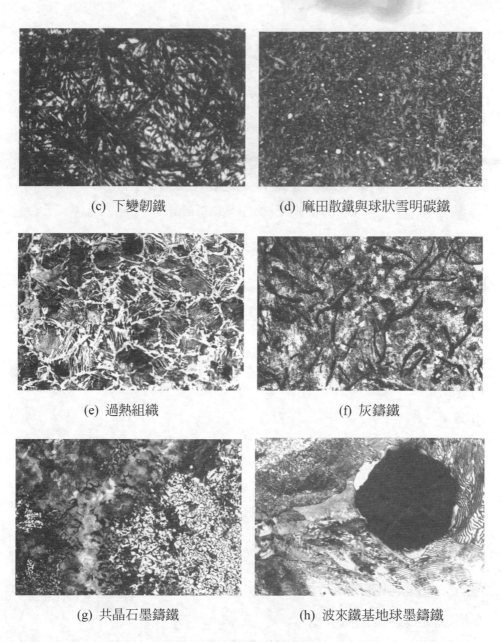

(c) 下變韌鐵   (d) 麻田散鐵與球狀雪明碳鐵

(e) 過熱組織   (f) 灰鑄鐵

(g) 共晶石墨鑄鐵   (h) 波來鐵基地球墨鑄鐵

圖 9.4 金相顯微結構照片(續)

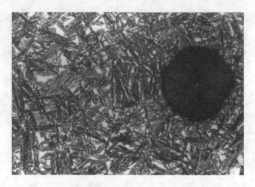

(i) 沃斯肥粒鐵基地球墨鑄鐵

圖 9.4　金相顯微結構照片(續)

9.4　實驗方法

金相試驗的流程包括下列所述的二個階段八個步驟。

第一階段：試片準備單元

1.　切取試片。

2.　粗磨。

3.　鑲埋。

4.　細磨和用水洗淨試片。

5.　拋光和試片洗淨與吹乾。

6.　檢查拋光面。

7.　腐蝕和試片洗淨與吹乾。

第二階段：觀察與拍攝單元

8.　金相顯微觀察與拍攝金相
　　上面所述的二個階段，都須要相當長得的時間，所以可以分成二個小單
　　元來進行。每星期進行一個單元。

(1) 試片準備一個單元：取直徑約 15mm 的碳鋼棒切割成高度約 15mm 的試塊。可以不必鑲埋，直接將試塊捏著研磨。研磨及拋光等要領，請參考文中所述之各步驟。浸蝕好之試片，一定要清洗清潔並加以烘乾，以保存到下一個觀察單元上使用。

(2) 觀察與拍攝單元：將上一單元所浸蝕好的試片，用金相顯微鏡觀察試片的顯微結構。從低倍率觀察起，並適度地調整光孔光圈及視野光圈。試片的腐蝕效果不佳時，則必須再次從事浸蝕的程序。如過果浸蝕不夠，基本上可以直接再將之浸蝕。這一個單元，對初學的來說，是很有意思的一個步驟。確定所觀察到的顯微結構有適當的對比時，即可進行攝影。攝影相片時，一定要確確地知道它的放大倍率。

從試片的微小結構到相片上的放大結構經過好幾道的放大過程。物鏡放大一次(M1)，照相機前的投影鏡又放大一次(M2)，而在電腦上作相片的數位處理時又再放大一次(M3)。所以相片的倍率應該是 M = M1×M2×M3。而不僅是顯微鏡上的物鏡及目鏡的倍率的乘積而已。相片影像的實際倍率，可以利用微尺來校正。一般的微尺是在實際 1mm 內刻劃出 100 等分，即每一小刻劃為 0.01mm。如果將這一微刻劃拍攝及放大後，在相片上每一刻劃間的距離是 Nmm，則表示整個系統的放大倍率是 M＝Nmm/0.01mm = 100N。

9.5　注意事項

1. 在用砂紙研磨試片時，一定要注意，試片只能單向研磨，絕對不允許將試片來回地移動。推動試片的速度要穩，不能急躁。

2. 觀察顯微結構時，操作金相顯微鏡的態度要穩重。燈光強度先設定在最弱的一級，聚焦之後，調整光圈。如果光度仍然不夠再將登光設定在較高的一級。

9.6　實驗結果與記錄

　　表 9.2 為金相試驗中，要拍攝試片之記錄表，同學可依序記載拍攝條件，並可將拍攝照片之編號，按序用鉛筆作記號於相紙上以便於分析整理。

表 9.2　金相試驗拍攝試片記錄表

試片編號	試片材質與處理	浸蝕液種類	浸蝕時間	顯微鏡倍率		數位處理倍率 M_3	相片總倍率 $M_1 \times M_2 \times M_3$	相片序號	備註
				物鏡 M_1	目鏡 M_2				
1									
2									
3									

9.7　問題討論

1. 金相試驗包括那些階段？

2. 爲何有些試片必須鑲埋，鑲埋之方法爲何？

3. 何謂浸蝕(etching)？並請進一步說明，金相觀察時，影像明暗對比之機構。

4. 進行金相顯微結構觀察中，基本上要注意那些原則。

5. 爲何砂紙研磨試片時，試片只能單向研磨？

6. 研磨試片時，爲何每換一級砂紙時，即要將試片旋轉90°研磨？

7. 作金相試驗來瞭解材料內部結構對工程材料的使用有何助益。

8. 要得到好品質的金相照片，各步驟應注意的要點有那些？

9. 請說明你所觀察之金相是什麼顯微結構？又由該顯微結構研判試片可能經過什麼樣的熱處理？

10. 試著計算你所列印之金相照片的倍率。

9.8　進一步閱讀的資料

1. CNS 11276 B6091 工具顯微鏡。

2. CNS 2910 G2020 鋼內非金屬夾雜物之顯微鏡試驗方法。

3. 佐藤知雄著 "鐵鋼組織顯微鏡圖說"，1992，復漢出版社。

4. 蔡大和，江益璋著 "金屬材料組織"，1993，全華圖書公司。

5. 韋孟育著 "材料實驗方法－金相分析技術"，1990，全華圖書公司。

6. 林本源等著 "熱處理"，1994，高立圖書公司。

7. 陳皇均譯 "鋼－顯微組織與性質"，全華圖書公司。

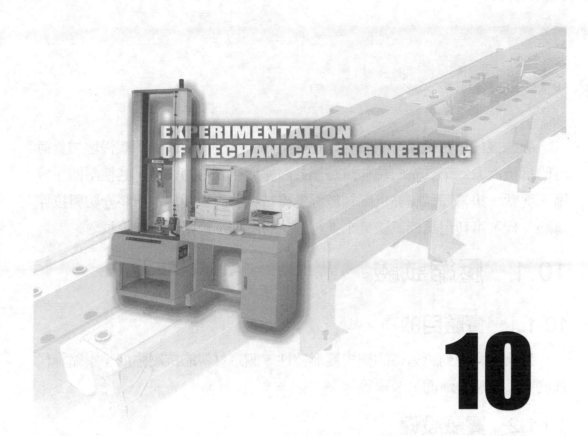

EXPERIMENTATION
OF MECHANICAL ENGINEERING

10

靜態機械試驗

　　靜態機械試驗是用來測試材料在靜止狀態承受荷重或受到緩慢增加負荷時的抵抗能力。第二章的拉伸試驗屬於靜態機械試驗的一種，其他壓縮、彎區、剪斷、扭轉等試驗亦可歸類於靜態機械試驗的範圍。本章將介紹與拉伸試驗一樣，可利用萬能試驗機來進行測試的壓縮、彎區、剪斷等試驗。

10.1　壓縮試驗

10.1.1　實驗目的

　　量測材料受到壓力時的縮短變形特性，測定材料的抗壓強度、壓縮降伏強度、壓縮率及斷面鼓脹率等。

10.1.2　實驗設備

　　萬能試驗機、加壓砧座、游標卡尺、分厘卡、指針式量表等。

10.1.3　實驗原理

一、壓縮試驗的特性

　　壓縮試驗時，材料受力的方向與拉伸試驗相反，因此變形的方向也不一樣。拉伸試驗是伸長，壓縮試驗是縮短。材料測試時，因需求特性的不同有不同的試驗方式。選用拉伸試驗或壓縮試驗的最主要決定因素是被測材料預計使用時的受力狀態。例如，金屬因爲原子以金屬鍵結合在一起，抵抗拉伸的能力比較好，所以金屬比較適用於受拉開力的狀態。因此對金屬材料來說拉伸試驗要比壓縮試驗更適當。致於像水泥、石磚、陶瓷等脆性材料，其抗拉強度比抗壓強度低，適用於抵抗壓縮力的場合。對這些材料而言，做壓縮試驗比較重要且有意義。

　　木材順著纖維方向的抗拉強度很高，但橫向的抗拉強度則很差。整體來看，壓縮試驗對木材是比較重要。比較其他金屬，鑄鐵的抗拉強度雖比抗壓強度低，但經常被用來抵擋拉力，所以拉伸及壓縮這兩種試驗都要測試。

　　比較起來，壓縮試驗有下列幾項拘限：

1. 眞正均衡的同心負重不容易達到。這是因爲試片如果稍有偏差，便很容易在試片內引起彎曲應力。

2. 試片中段，會產生橫向變大。這是因爲試片的端面與壓縮承板間的磨擦，阻擾試片端面的橫向變形所致。

3. 試驗機的噸位要大。

二、試桿尺寸與測試參數

　　圖 10.1 及表 10.1 則是金屬材料圓柱體試桿的圖形及尺寸。

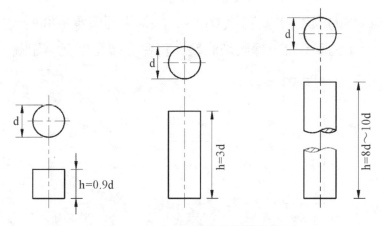

圖 10.1　金屬材料的壓縮試桿

表 10.1　金屬圓柱體試桿之規格

試片型式	直徑 d（mm）	高度 h（mm）	測試範圍
短型	30 ± 0.25	27 ±1.0	測試軸承材料
中型	13 ± 0.25	39 ±1.0	一般測試用
	20 ± 0.25	60 ±1.0	
	25 ± 0.25	75 ±1.0	
	30 ± 0.25	90 ±1.0	
長型	20 ± 0.25	160 ±1.0	測定彈性係數
	32 ± 0.25	> 320	

　　試桿的高度與直徑比超過 10 以上時，在壓縮試驗過程中，試桿會有被彎曲而撓折的現象出現。試桿愈長愈容易撓折。實用上，h＝10d 是壓縮桿高度的上限。當試桿的高度與直徑比愈小時，試桿端面與承板間的摩擦限制愈嚴重。比值小於 1.5 時，對角線破裂的裂口將會與端面相交，如圖 10.2，

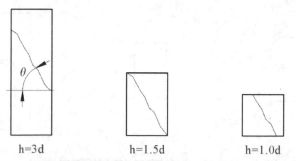

| h=3d | h=1.5d | h=1.0d |

圖 10.2　試桿高度影響破裂面與試桿表面相交位置的示意圖

　　這會錯誤地測出較高的抗壓強度。由於對角線破裂的裂面與端面夾角 θ 並不是 45°，而是在 50°～60° 之間。以 $\tan\theta = 1.5$ 計算，求得 $\theta = 56.31°$。所以在 h/d 的比值小於 1.5 時，裂縫口會沿伸到端面，如圖 10.2 所示。在這種情

況下，支持壓力的截面積並不因裂縫產生而減小，它仍然可以繼續承受壓力，終致錯誤地測出較高的抗壓強度。

從材料力學的計算，可以證明當材料受單向壓力時，在與壓力方向成 45° 的平面上有最大剪應力存在，如圖 10.3 所示。這說明了很重要的一個現象即脆性材料在受到單向壓縮時，最大剪應力使之破裂。這與拉伸試驗時有很大的不同。拉伸時是最大主應力使材料脆性破裂的，它的破裂面與拉力方向垂直。雖然最大剪應力所在平面與橫剖面成 45°，但由試驗所得破斷面的方向往往比 45° 還大，其原因是材料受壓時，內部有所謂的內磨擦(internal friction)存在。所以破斷面的傾斜度會同時受到剪應力與磨擦阻力的影響。根據 Mohr 圓之破壞理論，破壞角度並非最大剪應力所在之 45° 平面，而是內磨擦角的函數。

設 ϕ = 內摩擦角

　θ = 實際破斷角

即 $\theta = 45° + \phi/2$

如鑄鐵的磨擦角約爲 20°，則其破斷角紋爲 55°，其它一般脆性材料如磚頭，岩石，混凝土等之破斷角紋爲 50°～60°。

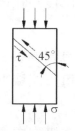

圖 10.3　單向壓力下，在 45°斜面
　　　　 的剪應力最大

圖 10.4　延性試桿壓扁後鼓脹
　　　　 的情形(ASTM E9)

延性的金屬材料在壓縮試驗時，並不容易有對角線的破裂。試桿中間隨壓力之增加而鼓脹，如圖 10.4。試桿被壓扁的過程當中，由於試桿端面與承板間的磨擦，限制了端面附近材料的自由流動，因而在中間鼓脹起來。

10.1.4 實驗步驟

1. 準備試片，將灰口鑄鐵，鋁合金或其它材料，依圖 10.1 及表 10.1 的規格車製試片。

2. 試驗前，以游標卡尺量測並記錄下每根試桿的高度與直徑。並將試片一一編號。

3. 將加壓砧座裝置在萬能試驗機上，裝妥或設定記錄用之儀器設備，並調整操作方法同拉伸試驗。

4. 清潔加砧壓座及試片的兩壓縮面。

5. 將試片置於砧座上並對準中心，以防加壓時因偏心而產生彎曲應力。

6. 調整試驗與高度直到試片被夾緊固定為止。

7. 在下夾頭與試驗台之間放置指針式量表，裝置時必須確定觸針與試驗台垂直，並將指針歸零。

8. 旋轉荷重速度控制鈕，徐徐加壓，直到降伏點到達為止。

9. 加壓過程中，一方面利用記錄紙記下負重壓力與位移的關係，一方面觀察指針的移動。

10. 若為脆性材料，如鑄鐵，在加壓過程中，只要一有裂縫發生，應立刻記錄最大荷重及壓縮量，然後將壓力徐徐放掉。這可以保持整個試片的完整性，而用來觀察裂縫的形態及與試片的關係。

11. 若為延性材料，如鋁合金，在加壓過程中，材料在橫方向會有相當程度的鼓脹，當到達降伏點或使試片壓縮率達 50% 時，即可停止試驗。

12. 不論延性或脆性材料，當試驗機已達到最大荷重容量時，都應停止試驗。

13. 降下試驗檯，取出試片，繼續下一次的試驗，當所有實驗結束後，取出記錄紙，並將試驗機回復原狀(操作方法同拉伸試驗)。

14. 將取下的試片，再一次用游標卡尺量測其高度、端面直徑、及變形鼓脹區的直徑，並觀察破斷口狀況。

10.1.5 實驗結果與紀錄

表 10.2 壓縮試驗記錄表

試件編號	材料種類	試驗前尺寸			試驗後尺寸			降伏荷重 kgf	壓縮降伏強度 kgf mm²	破壞荷重 kgf	破壞強度 kgf mm²	斷面短縮率 %	斷面膨脹率 %	斷面特徵 %
		直徑 mm	長度高度 mm	斷面積 mm²	直徑 mm	長度高度 mm	斷面積 mm²							

10.2 彎曲試驗

10.2.1 實驗目的

測定脆性材料的抗彎強度、彎曲彈性係數。測定延性材料的冷彎角度及觀察冷彎裂痕，並借以了解延性材料的塑性加工性質。

10.2.2 實驗設備

萬能試驗機、衝頭、可調式支持底座、游標卡尺、分厘卡等。

10.2.3 實驗原理

彎曲試驗有兩種不同底座及使用的衝頭。測抗彎強度的衝頭較短，而冷彎試驗的衝頭較長。

脆性材料受彎曲力時，在撓曲角度還很小時便會斷裂，所以脆性材料無法測定其可被彎曲的最大角度。至於延性材料除了可從抗彎試驗中測出抗彎強度等以外，尚可用冷彎試驗測量出其可被彎曲的角度。

一、試桿內部的應力分佈

比較起其他的試驗，彎曲試驗的操作及試桿的準備都比較簡單。可是彎曲試驗的原理卻最複雜，要透徹了解彎曲試驗意義，必須參考材料力學中有關彎曲(bending)的章節。這裡，為協助了解，謹做簡單的複習。

拉伸試驗時，在試桿出現頸縮之前，材料內部的應力呈均勻分佈的拉應力；壓縮試桿在出現鼓脹之前，內部應力也呈均勻的壓應力；彎曲試驗時，即使撓曲程度仍在彈性限以下，材料內部的應力分佈早已呈現複雜的狀況。彎曲下的應力基本上可區分成彎曲壓應力、彎曲拉應力及彎曲剪應力。這三種應力的分佈與彎曲試片的幾何相關區域如圖 10.5 所示。

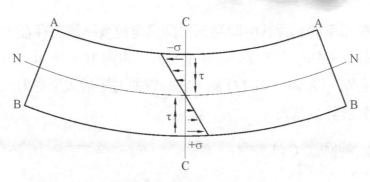

圖 10.5 彎曲應力的分佈情形

從圖 10.5 可以看出彎曲時，試桿的橫斷面靠近凹進去的邊，A—A 邊，是彎曲壓應力區，而凸出邊，B—B 邊，則是彎曲拉應力分佈區。至於彎曲剪應力則平行於橫斷面。在圖 10.5，拉應力及壓應力呈線性分佈，愈靠近表面其絕對值愈大。在 N—N 這一條連線上，其拉應力及壓應力等於 0，稱為中立軸(neutral axis)。剪應力的分佈趨向是靠近中立，其值愈大。

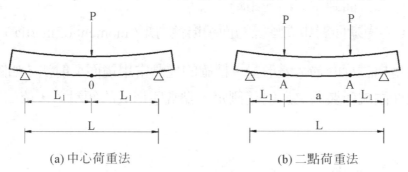

(a) 中心荷重法	(b) 二點荷重法

圖 10.6 彎曲荷重的方式

二、應力的計算與撓度的測量

彎曲試片的應力大小及分佈除了受彎曲負荷及材料彈性係數的影響以外，尚須視試桿橫斷面的形狀、尺寸、及彎曲負荷的方式而異。就彎曲負荷的方式來說，中心荷重(center loading)下的試桿，拉應力、壓應力及剪應力都

存在。兩點荷重下的試片其中間端部份則只有拉及壓應力存在，而剪應力則
完全消失等於 0。中心荷重及二點荷重的方式如圖 10.6 所示。中心荷重下的
試桿，在中心點，圖 10.6(a)的 O 點，它的彎曲力矩最大，應力值也最大。在
彈性限下，其計算公式為：

$$\sigma_{max} = M_{max} C / I \tag{10.1}$$
$$M_{max} = PL_1/2 \tag{10.2}$$
$$\delta_{max} = \frac{PL^3}{48EI}，最大撓度。 \tag{10.3}$$

σ_{max} ＝ 最大彎曲應力，即距離中立軸線最遠處表面的應力，在拉應
　　　　力區為正，在壓應力區則為負。

M_{max} ＝ O 點的彎曲力矩，其值最大。

C ＝ 表面到中立線的距離。

I ＝ 橫斷面對中立軸線的面積慣性力矩(moment of inertia)。

撓度是指試片的最大變形量，精確的量測常用鏡面反射法，如圖 10.7 所
示。由試件兩端所裝設之反射鏡測定支點端所造成的傾斜角，依如下公式求
出撓度 δ。

$$\delta = \frac{L}{3}\tan \alpha \tag{10.4}$$

由撓度公式可得：

$$E = \frac{PL^3}{48\delta I} = \frac{PL^2}{16I\tan \alpha} \tag{10.5}$$

所以只要測出 α 角，亦可直接求出 E 值。

表10.3列出圓形試桿及矩形斷面試桿在中心荷重及二點負載下最大彎曲應力的計算公式。

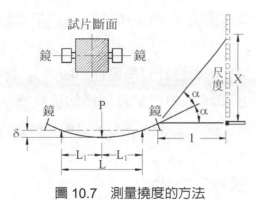

圖 10.7　測量撓度的方法

表 10.3　圓形及矩形端面試桿彎曲應力計算公式

荷重方式	圓 形 端 面	矩 形 端 面
中心荷重 ($L=2L_1$)	$\sigma_{max} = \dfrac{M_{max}C}{I} = \dfrac{16PL_1}{\pi d^3} = \dfrac{8PL}{\pi d^3}$ $\tau_{max} = \dfrac{8P}{3\pi d^2}$ $\delta_{max} = \dfrac{PL^3}{48EI} = \dfrac{4PL^3}{3E\pi d^4}$	$\sigma_{max} = \dfrac{M_{max}C}{I} = \dfrac{3PL_1}{bh^2} = \dfrac{3PL}{2bh^2}$ $\tau_{max} = \dfrac{3P}{4bh}$ $\delta_{max} = \dfrac{PL^2}{48EI} = \dfrac{PL^3}{4Ebh^3}$
二點荷重 ($L=2L_1+a$)	$\sigma_{max} = \dfrac{M_{max}C}{I} = \dfrac{32PL_1}{\pi d^3}$ $\tau_{max} = \dfrac{16P}{3\pi d^2}$ $\delta_{max} = \dfrac{8PL_1}{3E\pi d^4}(3L^2 - 4l_1^2)$	$\sigma_{max} = \dfrac{M_{max}C}{I} = \dfrac{6PL_1}{bh^2}$ $\tau_{max} = \dfrac{3P}{2bh}$ $\delta_{max} = \dfrac{PL}{2Ebh^3}(3L^2 - 4L_1^2)$

d：圓形的直徑　　h：矩形高度　　b：矩形寬度

彎曲試驗時，試桿所承受的應力往往都超過彈性限，這使表 10.3 所列的公式不能適用。但在沒有更好的計算公式之下，表 10.3 所列的公式仍然被廣泛的使用。折斷時的負荷代入表 10.3 所得的 σ_{max} 稱為破壞模數(modulus of rupture)。

在彎曲試驗時，另一個影響計算準確性的因素是材料的抗拉及抗壓強度的不同。在第九章的壓縮試驗中曾提及鑄鐵的抗拉強度只是其抗壓強度的 25%。這種事實會使中立軸線向凹面移動，致使 C 值在計算彎曲拉應力及彎曲壓應力時有所不同。

三、試桿的斷裂方式與尺寸大小

材料彎曲試驗時，其斷裂的方式並不一致，相當複雜。在凹面、凸面及中立軸各處都可能是破裂的起源點。這除了應力狀態的複雜外，也受到材料各種強度差異所支配。例如某一材料的抗剪強度遠比抗拉及抗壓強度低，則在中心荷重之下，最大剪應力可能最先超過抗剪強度，在這種狀況，從中心軸處斷裂是非常可能的。木材在抗彎試驗下，便常常會從中心軸線上水平的方向劈裂開。

抗彎試驗試桿的大小須視材質、形狀及荷重方式而定。基本上採用的參考尺寸是跨距(L)及彎曲深度(h)間的關係必須在 L = 6h 到 L = 12h 之間。h 相當於最大的撓曲度 δ_{max}。L = 6h 的試桿，屬於短跨距及大撓度，會以剪斷的方式進行。L = 12h 的試桿，屬於長距但小撓度，會在離中心軸線最遠的表面以拉斷或壓裂的方式破裂。

測試鑄鐵抗彎強度的試桿以圓柱試桿比較適常。直徑從 20 到 50mm 而長度則在 375～675mm 之間。荷重方式則以中心荷重法為宜。混擬土則採用截面為正方形或長方形的試桿，並以三點荷重法或中心荷重法加壓。常採用的截面尺寸是 150×150mm。

四、冷彎試驗

冷彎試驗：延性材料在彎曲試驗中並不一定會折斷，而只在彎曲最大處出現裂縫。利用彎曲到 180° 而檢視試桿是否龜裂的試驗，稱為冷彎試驗。

冷彎試驗時，底座、跨距、試桿直徑(或厚度)及衝壓頭半徑之間的關係是 r = 1.5d，而 L = 2r + 3d = 6d。r 是衝壓頭的半徑，d 是圓形試桿直徑(或矩形試桿的厚度)，L 是底座的跨距。在這種情況之，衝壓頭的尺寸及底座的跨距都須視試桿的 d 值而選用及調整。冷彎測試中，裂縫出現時的彎曲角度往往被用來表示材料的延性。

冷彎試驗可以偵測出鋼棒中的含碳或含磷量是否太高，或者滾軋過程是否適當。用來強化混凝土中的鋼筋，在檢驗其品質時，冷彎試驗便是很重要的一項。中國國家標準規定，建築用的各號鋼筋在彎 180° 之下不能有龜裂。

試片的規格依中國國家標準規定，其抗折試驗試件形狀和規格如圖 10.8 和表 10.4 所示，彎曲試件形狀和規格如圖 10.9 和表 10.5 所示。板狀試件外圓角之加工情形如表 10.6 所示。

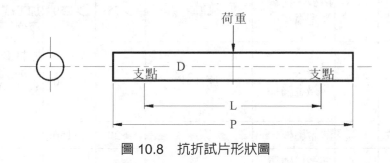

圖 10.8　抗折試片形狀圖

表 10.4　抗折試件規格　　　　　　　　　　　　　單位：mm

試片種類	直徑 D	直徑容許差	支點間距離 L	長度 P
A 號	13	±1.0	200	約 300
B 號	20	±1.0	300	約 350
C 號	30	±1.5	450	約 500
D 號	45	±2.0	600	約 650

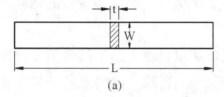
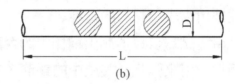

(a)　　　　　　　　　　　　　　　　　(b)

圖 10.9　彎曲試桿形狀圖

表 10.5　彎曲試件規格　　　　　　　　　　　　　單位：mm

種　類	形狀		用途	直徑 D 或厚度 t	寬度 W	長度 L	備註
1 號試片			鋼板、扁鋼及型鋼	原厚	＞35	＞250	原材 t＞35，可加工成 t＞35 之厚度
2 號試片			鋼棒、非鐵金屬捧	原尺寸		＞250	原材 D＞35，可加工成 D＞35 之圓形剖面
3 號試片			薄金屬板	原厚	＞20	＞150	
4 號試片			彈簧用磷青銅板及彈簧用白銅板	原厚	＞10	＞150	
5 號試片	鍛鋼件	5A		19	25	＞150	
	鑄鋼件	5B		15	20	＞150	

表 10.6　板狀試件外圓角之加工情形　　　　　單位：mm

試片厚度	圓角半徑
10 以下	1.0 以下
10 以上至 50 以下	1.5 以下
50 以上	3.0 以下

10.2.4　實驗步驟

1. 建議取長約 500mm，直徑 20mm 的灰口鑄鐵圓柱試桿依表 10.4 規格車製試片後作抗彎強度的測試；依表 10.5 規格取厚度約 10mm 的鋼板作冷彎試驗。

2. 將衝頭及支持座分別裝在試驗機上。

3. 測試抗彎強度的底座跨距依表 10.4 規定調整之。

4. 冷彎試驗的底座跨距，以 10mm 厚鋼板為例，是 L = 6×10 = 60mm。採用半徑 r = 15mm 的衝壓頭。試桿長度以 P/L = 3 倍計算為 180mm。

5. 打開油泵開關並調整零點，其方法同拉伸試驗。

6. 將試件放在支持座上，並小心地將衝頭對準跨距中心。

7. 抗折試驗時，將撓度計安裝於試件之中點。

8. 旋轉荷重控制鈕。緩慢加荷重於試件上，加壓過程，一方面記錄負荷與位移的關係曲線，一面注意指針的移動。

9. 抗折試驗時，必須至試件破斷為止，此時讀取最大荷重並記最大撓度。

10. 彎曲試驗時，將試件彎曲至裂痕出現為止。如果須彎成 180° 時，當彎成 170° 後，內插厚度等於 2r 之墊著物，然後再加荷重彎至 180°，如圖 10.10(b) 所示。或者在開始時調整支持座，使兩支持座間距離 L = 2r + 2t，如此可將試件壓過兩支持座中間，而把試件彎至 180°，如圖 10.10(a)所示。
如須彎至密貼接觸，當彎成 170° 後用圖 10.10(c)之方法即可。

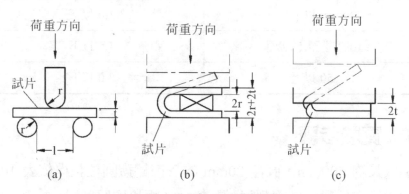

圖 10.10 板片的彎曲試驗過程

11. 如為銲件之彎曲試驗，其合格標準為導彎後，試件凸面任何方向之裂痕
總長不得超過 3.2mm 才算及格。

12. 測試後，利用最大的負荷，及表 10.3 所列之公式，計算出材料的抗彎強
度。並觀察彎曲後試桿的斷口特徵及是否有彎曲裂縫的出現。

13. 彎曲試驗時，如果利用針盤指示量規等儀器量測試桿的最大撓度，δ_{max}，
則依公式可以計算出材料的彈性係數。

10.2.5 實驗結果與記錄

彎曲實驗所得之記錄，可依荷重之漸近加多而記錄，並利用表 10.3 所提
供公式計算其撓度，實驗結果記錄表如表 10.7 所示。

表 10.7 彎曲試驗結果記錄表

試件編號	材料種類	荷重(kgf)與撓度(mm)的對照記錄										斷口特徵	備註
		1		2		3		4		5			
		荷重	撓度	荷重	撓度	荷重	撓度	荷重	撓度	破壞荷重	破壞撓度		
1													
2													
3													
4													
5													
6													
7													
8													

10.3 剪斷試驗

10.3.1 實驗目的

剪斷試驗的目的則為測定材料的抗剪強度。

10.3.2 實驗設備

萬能試驗機、附屬的單剪式或雙剪式剪斷試驗裝置。

10.3.3　實驗原理

一、剪應力與剪應變

剪斷試驗是測試材料抵抗剪力的能力。剪力的定義是平行於某一平面的力。單位面積上的剪力稱為剪應力。剪應力在探討材料的變形及強度時，佔有很重要的角色。從工程材料學上得知，垂直於平面的拉應力及壓應力只能使材料起彈性變形，而剪應力則可以推動晶體內的差排使原子的位置起永久性的位移而導致塑性變形。在剪應力的作用下，材料也一樣會經歷彈性變形及塑性變行而終至斷裂。在適當的儀器設備下，可測出材料的剪應力與剪應變的關係曲線。圖 10.11 是在純剪應力作用下，材料起剪應變的示意圖。

材料力學可以證明均向性(isotropic)材料在純剪應力作用下，剪應變後的體積並沒有改變。這也可從圖 10.11 的示意圖上去量測出。

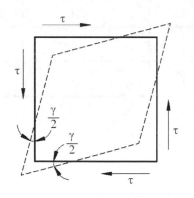
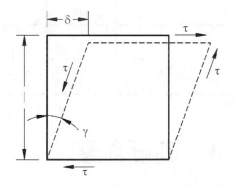

(a) 純剪應力下的剪應變　　　　　　(b) 將(a)加上旋轉及位移

圖 10.11　純剪應力作用下材料剪應變的示意圖

二、實驗裝置

　　在實驗上，均勻分部的純剪應力並不容易達到。往往會有彎曲應力一起介入到試片內。測試材料抗剪強度的方法可分為直接剪斷法(direct shear loading)及扭轉法(torsion loadin)兩種，如圖 10.12 所示，而直接剪斷法又可以分為單剪與雙剪兩種方式。

三、直接抗剪強度

　　直接剪斷法中的抗剪強度計算方式為：

$$\tau_1 = P/A \quad (單剪) \tag{10.6}$$
$$\tau_2 = P/2A \quad (雙剪) \tag{10.7}$$

τ =抗剪強度，kgf/mm^2

P =負荷力，kgf

A =試桿的截面積，mm^2

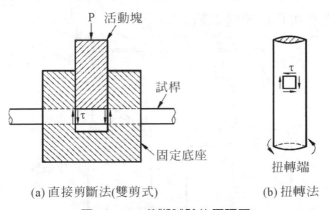

(a) 直接剪斷法(雙剪式)　　　　(b) 扭轉法

圖 10.12　剪斷試驗的原理圖

　　公式(10.6)及(10.7)所計算的抗剪強度只是一個近似值而已。因為如圖 10.12(a)所示，活動塊及固定座之間必須要留一適當的間隙，供活動塊滑動。

兩者的配合如果太密，會有摩擦力存在，而造成誤差；兩者的配合如果太鬆則在剪斷過程中會先壓彎試桿，而將大量的彎曲力引進試桿，同樣會造成誤差。所以直接剪斷法只能測定材料的近似抗剪強度，即單位截面積所能承受之最大剪力。抗剪強度的計算將試驗中最大的負荷 P_{max}，代入公式(10.6)：及(10.7)後得到。

四、剪斷試驗的適用性與試棒斷裂特性

直接剪斷試驗經常使用來測定釘、銷等零件抵抗剪應力的能力。 是一種簡單的方便試驗。圖 10.13 是一般萬能試驗機所附的剪斷裝置的透視圖。包括固定銷、固定底座及一滑塊。但因剪斷時受彎曲應力的影響，所得的結果僅為近似抗剪強度，另外由於直接剪斷試驗不易測得應變量，因此不能求出剪斷時之彈性限及剛性係數(剪斷彈性係數)。精確之剪斷性質宜用扭轉試驗，但鑄鐵等脆性材料之抗剪強度不能由扭轉試驗求之，因為此種材料之試桿在未達抗剪強度以前，由其斜向的拉應力先行破斷，唯彈性限及剛性係數等其它性質則仍然可以用扭轉試驗求得。

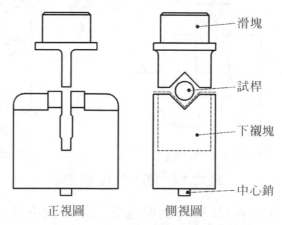

正視圖　　　側視圖

滑塊
試桿
下襯塊
中心銷

圖 10.13　萬能試驗機附設之剪斷附件示意圖

　　扭轉法測抗剪強度的儀器設備，在一般的機關學校中並不一定有。要安排一個扭轉實驗以測出抗剪強度可能會有困難。可是很多機械中的轉動軸，都受到扭力的作用，這可能引起扭轉破裂。因之對扭轉下的應力分佈狀況及扭轉破斷面特性的了解實在是很重要的工作。雖然不能定量的測出扭轉下的抗剪度，卻可以安排一個簡單的示範以做定性的說明。

　　上課時寫黑板所用的粉筆便可用來說明扭轉破裂的特性。示範的方法是以兩手分別用力捏住粉筆的兩端，小心地做同心扭轉，直到粉筆裂開。其斷裂面往往呈 45º 的螺旋式傾斜面，如圖 10.14(a)所示。這是脆性材料在扭轉力作用，材料表面的拉應力σ，如圖 10.14(b)所示，超過了材料的抗拉強度而引起的破裂。由於拉應力是垂直於 45º 的螺旋線，所以斷面也呈 45º 的螺旋傾斜。

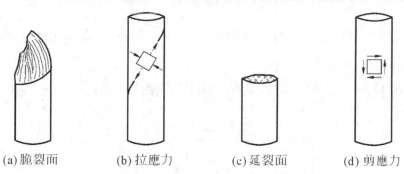

(a) 脆裂面　　　(b) 拉應力　　　(c) 延裂面　　　(d) 剪應力

圖 10.14　　扭轉下圓柱桿斷裂面與材質的關係及應力方位的示意圖

　　延性材料的扭轉斷面則有很大的不同，它與試桿軸垂直，如圖 10.14(c)。這是扭軸剪應力τ，如圖 10.14(d)，超過材料的抗剪強度所致。因為最大剪應力是與試桿軸垂直，所以斷面與軸垂直。

五、扭轉剪應力

扭轉下材料的應力場的大小與分佈，依試桿截面積的形狀而有很大的差異。最簡單的一種是實心圓柱試桿。由材料力學的推導；剪應力在圓柱的表面最大，而在軸心上則為零。其計算公式為：

$$\tau = \mathrm{G}r\theta \tag{10.8}$$

τ =扭轉剪應力，kgf/mm

G =材料剛性模數，kgf/mm/mm/mm

R =離心軸的距離，mm

θ =單位長度試桿扭轉的角度，度/mm

在一定的半徑及一定的扭轉力矩之下，θ 是一定值，而且在整個試桿表面的值都相等。所以扭軸下，試桿表面各點的剪應力都相等，即扭轉剪應力的數值等於拉應力及壓應力的數值，其間的關係可由圖 10.15 得知。

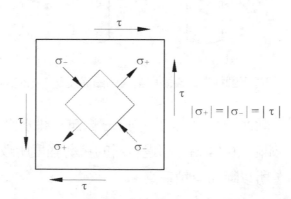

圖 10.15 扭轉剪應力與拉應力、壓應力間的關係

10.3.4　實驗步驟

1. 準備試件，其形狀及尺寸無一定規定，圓棒或方棒均可，但要與剪斷裝置互相配合。
2. 以分厘卡或游標卡尺量取試件斷面之尺寸。
3. 將剪斷裝置安裝於萬能試驗機上。
4. 將試桿固定於剪斷裝置上。
5. 緩慢加荷於試件上，直到試件被剪斷為止。(其操作方法與拉伸、壓縮試驗相同)。
6. 記錄試件剪斷時之最大荷重。
7. 取下試件並觀察斷面狀況。
8. 根據公式(10.6)或(10.7)，計算出最大抗剪強度。
9. 實驗完畢，將試驗機恢復。

10.3.5　實驗結果與記錄

剪斷試驗所得結果，可依下列所述內容整理：

1. 計算公式應用，如下：

直接單剪　$\tau_1 = P/A$ (kgf/mm^2)

直接雙剪　$\tau_2 = P/2A$ (kgf/mm^2)

2.　實驗記錄表

表 10.8　剪斷試驗記錄表

試片編號	材料種類	試件平均直徑	截面積(mm^2)		最大荷重(kgf)		剪應力(mm^2)		備註
			A	2A	單剪	雙剪	單剪	雙剪	
1									
2									
3									
4									
5									
6									

10.4　問題討論

一、壓縮試驗

1.　何種材料須作拉伸試驗？何種材料須作壓縮試驗？

2.　影響壓縮試驗結果正確性的因素有哪些？

3.　計算並列表說明鑄鐵試桿之抗壓強度，討論不同試桿長度對抗壓強度是否有影響。

4.　就鑄鐵試桿進一步討論其幾何形狀之改變及其變形率。

5.　灰口鑄鐵若包含有數種等級，則可進一步比較灰口鑄鐵之抗壓強度與變形率的關係。且可觀察並量測每一試桿上裂縫與軸線間的角度。

6.　計算並列表出鋁合金試桿之最大承受壓應力與其鼓脹率間關係。如使用5～6塊試桿，分別加壓壓縮到不同程度，然後，再繪出壓應力與鼓脹率的關係曲線。

7. 試比較脆性及延性材料壓縮試驗斷裂之情況，並究其原因。

8. 何謂抗壓強度(破壞強度)，如何計算之。

二、彎曲試驗

1. 抗折試驗與彎曲試驗有何不同？

2. 將所得到之抗彎強度與材料的可能抗拉、抗壓強度做一比較，並討論之。

3. 試驗時，若採用不同等級之材料，則可以比較其間的關係，並和斷口特徵或冷彎裂縫做綜合性討論。

4. 銲接件往往須作彎曲試驗，其理由為何？

5. 嘗試依據表 10.7 所得之實驗數據，繪出荷重—撓度曲線，並於曲線上定出彈性限之荷重位置。

6. 若試驗材料為延性材料，可彎曲至 $180°$，而利用實體顯微鏡觀察其彎曲部位是否有裂痕。如有可加以記錄其裂痕大小。

7. 如有 12mm 厚鋼板作冷彎試驗，則其衝壓頭半徑、試件長度、底座跨距應為多少為宜。

8. 可從圖書館的 ASTM 參考資料手冊，試找有關彎曲試驗之規定。

三、剪斷試驗

1. 試說明直接剪斷法所得之抗剪強度是一種近似值，其原因為何？

2. 試以圖示說明材料受到純剪應力作用時，材料剪應變之情形。

3. 證明均向性材料在純剪應力作用下，剪應變後體積並不會改變。

4. 試說明延性材料與脆性材料之扭轉斷面有何不同？

5. 嘗試證明扭轉剪應力公式。

6. 就實驗各種材料之抗剪強度與其它機械性質一併討論之

10.5 進一步閱讀的資料

1. CNS 9211 B6073 壓縮試驗機

2. CNS 3941 G2034 金屬材料彎曲試驗法

3. CNS 3940 G2033 金屬材料彎曲試驗試片

4. ASTM E9 Methods of Compression Testing of Metallic Materials at Room Temperature.

5. ASTM E290 Test Methods for Bend Testing of Material for Ductility.

6. ASTM A370 Mechanical Testing of Steel Products.

7. ISO 4506 Hardmetals -- Compression test.

8. ASM Handbook Volume 8: Mechanical Testing and Evaluation.

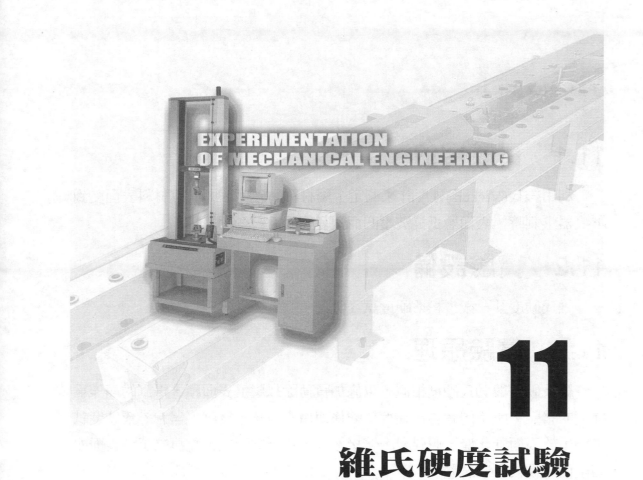

EXPERIMENTATION
OF MECHANICAL ENGINEERING

11

維氏硬度試驗

11.1 實驗目的

利用維氏(Vickers)硬度計來測定金屬材料的硬度,即測定材料表面受到壓痕器壓刺時,表面層抵抗被壓凹而塑變的能力。

11.2 實驗設備

維氏硬度計一架,標準硬度試片數個。

11.3 實驗原理

維氏硬度與勃氏硬度相似,以施加負荷除以壓痕表面積,得到的商作為硬度的讀數,所不同者維氏硬度試驗係使用鑽石角錐為壓痕器。維氏硬度試驗適用於表面硬化層、脫碳層,熔接層等,或不欲形成大壓痕之工件表面如切削面、螺紋面之試驗。

一、壓痕器及負重

維氏硬度計的壓痕器採用 136°的金字塔型的鑽石角錐,負重從 5～100kgf,圖 11.1 是用於微小結構之硬度測量的的微維氏硬度計(Micro Vickers Hardness),其壓痕仍為 136°之鑽石角錐,負重則從 1g～1kgf。

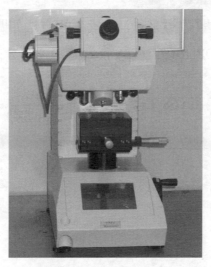

圖 11.1　微維氏硬度計

二、維氏硬度(Vickers hardness)

維氏硬度(簡稱 DPH，或 HV)的計算公式為：

$$DPH \quad 或 \quad HV = \frac{P}{A} = \frac{2P \sin 68°}{d^2} = \frac{1.854P}{d^2} \tag{11.1}$$

P ＝負荷，kg。

D ＝壓痕兩對角線的平均值，mm。

A ＝壓痕表面積，mm²。

壓痕的形狀，對角線的量測及面積的計算如圖 11.2 所示。維氏硬度計的壓痕表面積在理想狀況下，其形狀幾乎都相似，並且與負荷成正比例，所以採用不同的負荷，得到不同的 d 值，但卻可以得到相同的 DPH。這可以說是維氏硬度標的最大特色。對於微維氏硬度計之硬度的測定，亦相同而不失去意義。不論是大負重型的維氏硬度或微維氏硬度壓痕對角線的長度 d 的量測都必須利用附有微尺的顯微鏡來量測。量測的方法如圖 11.3，在測得 d 值後，可代入公式(11.1)求出 DPH(必須注意放大倍率，及 d 的單位)。

$$A = 4 \times (\frac{1}{2}a \cdot \frac{a}{2} \cdot \sin 68°) = \frac{a^2}{2\sin 68°} = \frac{d^2}{2\sin 68°}$$

$$\therefore DPH = \frac{P}{A} = \frac{2\sin 68°P}{d^2}$$

$$d = \frac{1}{2}(d_1 + d_2)$$

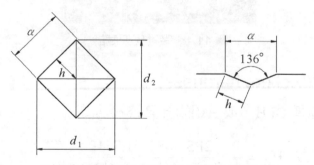

圖 11.2　維氏硬度壓痕對角線 d 的測量與壓痕面積 A 的計算

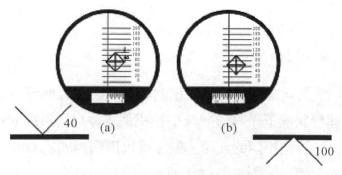

圖 11.3　以尺量測壓痕直徑的示意圖

三、維氏硬度的表示

維氏硬度原則上以整數表示之。

例：HV250　或　DPH250

　　　HV500　或　DPH500

假如有需要表示負荷時，表示法如下：

例：試驗負荷 30kgf，維氏硬度值 250 時

　　　HV(30)250　或　DPH(30)250

11.4　實驗步驟

1. 將不同金屬的材料切割成高度至少為 10mm，直徑或邊長至少 15mm 以上的試塊。

2. 調整適當的負重。負重壓力是否太大或太小，可以用量測壓痕用的微尺做為判定參考。適當的壓痕，其大小應該大於二個大刻劃而小於八個大刻劃的長度。以圖 11.3，即壓痕的 d 值應該是在 40 個單位到 160 個單位之間。

3. 將切割好的試片以研磨用砂紙，將試片測試面磨平，以磨到#600 號為準。進一步將試片用含 1.0μ 的三氧化二鋁粉的乳劑拋光，以得到最佳的壓痕邊界。

4. 參照公式(11.1)計的操作須知及程序進行硬度測試，然後讀取或計算出硬度值。每一種材料至少量取三個硬度值，以平均值做為該材料的硬度。

11.5 實驗結果與記錄

表 11.1 硬度試驗記錄表

試件編號		1			2			3			4		
材料種類													
負重(kgf)													
試驗次數		1	2	3	1	2	3	1	2	3	1	2	3
壓痕對角線長度(mm)	d_1												
	d_2												
	$d = \dfrac{d_1 + d_2}{2}$												
維氏硬度													
平均維氏硬度													
備註													

11.6　問題討論

1. 維氏硬度試驗法有何特色？
2. 試述維氏硬度試驗機之用途。
3. 相同之試驗材料用不同的荷重進行試驗，其維氏硬度值是否相同？試討論之。
4. 量測壓痕直徑時，聚焦與否是否會對硬度值有影響
5. 維氏硬度機與勃氏硬度機比較有何優缺點？
6. 維氏硬度機為何會有一般型(大負荷型)與微負荷型兩種型態。

11.7　進一步閱讀的資料

1. CNS 2115 Z8004　維克氏硬度試驗法。
2. CNS 8762 B6065　微小硬度試驗機--維克氏硬度及克諾普硬度。
3. ASTM E384 Test Method for Knoop and Vickers Hardness of Materials.
4. JIS Z2244 Vickers hardness test -- Test method.
5. ASM Handbook Volume 8: Mechanical Testing and Evaluation.

11.8　附錄

附錄表一　荷重為 100 gf 之維氏硬度值表

壓痕距離 μm	HV (DPH)									
	0	0.1	0.2	0.3	0.4	0.5	0.6	0.7	0.8	0.9
20	464	459	454	450	446	441	437	433	429	424
21	420	416	413	409	405	401	397	394	390	387
22	383	380	376	373	369	366	363	360	357	354
23	350	347	344	342	339	336	333	330	327	325
24	322	319	317	314	311	309	306	304	301	299
25	297	294	292	290	287	285	283	281	279	276
26	274	272	270	268	266	264	262	260	258	256
27	254	252	251	249	247	245	243	242	240	238
28	236	235	233	231	230	228	227	225	224	222
29	220	219	217	216	214	213	212	210	209	207
30	206	205	203	202	201	199	198	197	195	194
31	193	192	190	189	188	187	186	184	183	182
32	181	180	179	178	177	176	174	173	172	171
33	170	169	168	167	166	165	164	163	162	161
34	160	159	159	158	157	156	155	154	153	152
35	151	150	150	149	148	147	146	145	145	144
36	143	142	141	141	140	139	138	138	137	136
37	135	135	134	133	133	132	131	130	130	129
38	128	128	127	126	126	125	124	124	123	123
39	122	121	121	120	119	119	118	118	117	116
40	116	115	115	114	114	113	112	112	111	111
41	110	110	109	109	108	108	107	107	106	106
42	105	105	104	104	103	103	102	102	101	101
43	100	99.8	99.3	98.9	98.4	98	97.5	97.1	96.6	96.2
44	95.8	95.3	94.9	94.5	94	93.6	93.2	92.8	92.4	92

附錄表一　荷重為 100 gf 之維氏硬度值表(續)

壓痕距離 μm	HV (DPH)									
	0	0.1	0.2	0.3	0.4	0.5	0.6	0.7	0.8	0.9
45	91.6	91.1	90.7	90.3	89.9	89.6	89.2	88.8	88.4	88
46	87.6	87.2	86.9	86.5	86.1	85.7	85.4	85	84.6	84.3
47	83.9	83.6	83.2	82.9	82.5	82.2	81.8	81.5	81.1	80.8
48	80.5	80.1	79.8	79.5	79.1	78.8	78.5	78.2	77.9	77.5
49	77.2	76.9	76.6	76.3	76	75.7	75.4	75.1	74.8	74.5
50	74.2	73.9	73.6	73.3	73	72.7	72.4	72.1	71.8	71.6
51	71.3	71	70.7	70.4	70.2	69.9	69.6	69.4	69.1	68.8
52	68.6	68.3	68	67.8	67.5	67.3	67	66.8	66.5	66.3
53	66	65.8	65.5	65.3	65	64.8	64.5	64.3	64.1	63.8
54	63.6	63.3	63.1	62.9	62.6	62.4	62.2	62	61.7	61.5
55	61.3	61.1	60.8	60.6	60.4	60.2	60	59.8	59.5	59.3
56	59.1	58.9	58.7	58.5	58.3	58.1	57.9	57.7	57.5	57.3
57	57.1	56.9	56.7	56.5	56.3	56.1	55.9	55.7	55.5	55.3
58	55.1	54.9	54.7	54.5	54.4	54.2	54	53.8	53.6	53.4
59	53.3	53.1	52.9	52.7	52.5	52.4	52.2	52	51.8	51.7
60	51.5	51.3	51.2	51	50.8	50.7	50.5	50.3	50.2	50
61	49.8	49.7	49.5	49.3	49.2	49	48.9	48.7	48.5	48.4
62	48.2	48.1	47.9	47.8	47.6	47.5	47.3	47.2	47	46.9
63	46.7	46.6	46.4	46.3	46.1	46	45.8	45.7	45.5	45.4
64	45.3	45.1	45	44.8	44.7	44.6	44.4	44.3	44.2	44
65	43.9	43.7	43.6	43.5	43.3	43.2	43.1	43	42.8	42.7
66	42.6	42.4	42.3	42.2	42.1	41.9	41.8	41.7	41.5	41.4
67	41.3	41.2	41.1	40.9	40.8	40.7	40.6	40.5	40.3	40.2
68	40.1	40	39.9	39.7	39.6	39.5	39.4	39.3	39.2	39.1
69	38.9	38.8	38.7	38.6	38.5	38.4	38.3	38.2	38.1	37.9

附錄表一　荷重為 100 gf 之維氏硬度值表(續)

壓痕距離 μm	HV (DPH)									
	0	0.1	0.2	0.3	0.4	0.5	0.6	0.7	0.8	0.9
70	37.8	37.7	37.6	37.5	37.4	37.3	37.2	37.1	37	36.9
71	36.8	36.7	36.6	36.5	36.4	36.3	36.2	36.1	36	35.9
72	35.8	35.7	35.6	35.5	35.4	35.3	35.2	35.1	35	34.9
73	34.8	34.7	34.6	34.5	34.4	34.3	34.2	34.1	34	33.9
74	33.9	33.8	33.7	33.6	33.5	33.4	33.3	33.2	33.1	33
75	33	32.9	32.8	32.7	32.6	32.5	32.4	32.4	32.3	32.2
76	32.1	32	31.9	31.8	31.8	31.7	31.6	31.5	31.4	31.4
77	31.3	31.2	31.1	31	30.9	30.9	30.8	30.7	30.6	30.6
78	30.5	30.4	30.3	30.2	30.2	30.1	30	29.9	29.9	29.8
79	29.7	29.6	29.6	29.5	29.4	29.3	29.3	29.2	29.1	29
80	29	28.9	28.8	28.8	28.7	28.6	28.5	28.5	28.4	28.3
81	28.3	28.2	28.1	28	28	27.9	27.8	27.8	27.7	27.6
82	27.6	27.5	27.4	27.4	27.3	27.2	27.2	27.1	27	27
83	26.9	26.8	26.8	26.7	26.7	26.6	26.5	26.5	26.4	26.3
84	26.3	26.2	26.2	26.1	26	26	25.9	25.8	25.8	25.7
85	25.7	25.6	25.5	25.5	25.4	25.4	25.3	25.2	25.2	25.1
86	25.1	25	25	24.9	24.8	24.8	24.7	24.7	24.6	24.6
87	24.5	24.4	24.4	24.3	24.3	24.2	24.2	24.1	24.1	24
88	23.9	23.9	23.8	23.8	23.7	23.7	23.6	23.6	23.5	23.5
89	23.4	23.4	23.3	23.2	23.2	23.1	23.1	23	23	22.9
90	22.9	22.8	22.8	22.7	22.7	22.6	22.6	22.5	22.5	22.4
91	22.4	22.3	22.3	22.2	22.2	22.1	22.1	22	22	22
92	21.9	21.9	21.8	21.8	21.7	21.7	21.6	21.6	21.5	21.5
93	21.4	21.4	21.3	21.3	21.3	21.2	21.2	21.1	21.1	21
94	21	20.9	20.9	20.8	20.8	20.8	20.7	20.7	20.6	20.6

附錄表一　荷重為 100 gf 之維氏硬度值表(續)

壓痕距離 μm	HV (DPH)		壓痕距離 μm	HV (DPH)		壓痕距離 μm	HV (DPH)		壓痕距離 μm	HV (DPH)	
	0	0.5		0	0.5		0	0.5		0	0.5
95	20.5	20.3	120	12.9	12.8	145	8.82	8.76	170	6.42	6.38
96	20.1	19.9	121	12.7	12.6	146	8.7	8.64	171	6.34	6.3
97	19.7	19.5	122	12.5	12.4	147	8.58	8.52	172	6.27	6.23
98	19.3	19.1	123	12.3	12.2	148	8.46	8.41	173	6.19	6.16
99	18.9	18.7	124	12.1	12	149	8.35	8.3	174	6.12	6.09
100	18.5	18.4	125	11.9	11.8	150	8.24	8.19	175	6.05	6.02
101	18.2	18	126	11.7	11.6	151	8.13	8.08	176	5.99	5.95
102	17.8	17.6	127	11.5	11.4	152	8.02	7.97	177	5.92	5.88
103	17.5	17.3	128	11.3	11.2	153	7.92	7.87	178	5.85	5.82
104	17.1	17	129	11.1	11.1	154	7.82	7.77	179	5.79	5.75
105	16.8	16.7	130	11	10.9	155	7.72	7.67	180	5.72	5.69
106	16.5	16.3	131	10.8	10.7	156	7.62	7.57	181	5.66	5.63
107	16.2	16	132	10.6	10.6	157	7.52	7.47	182	5.6	5.57
108	15.9	15.7	133	10.5	10.4	158	7.43	7.38	183	5.54	5.51
109	15.6	15.5	134	10.3	10.2	159	7.33	7.29	184	5.48	5.45
110	15.3	15.2	135	10.2	10.1	160	7.24	7.2	185	5.42	5.39
111	15	14.9	136	10	9.95	161	7.15	7.11	186	5.36	5.33
112	14.8	14.6	137	9.88	9.81	162	7.06	7.02	187	5.3	5.27
113	14.5	14.4	138	9.74	9.67	163	6.98	6.94	188	5.25	5.22
114	14.3	14.1	139	9.6	9.53	164	6.89	6.85	189	5.19	5.16
115	14	13.9	140	9.46	9.39	165	6.81	6.77	190	5.14	5.11
116	13.8	13.7	141	9.33	9.26	166	6.73	6.69	191	5.08	5.06
117	13.5	13.4	142	9.19	9.13	167	6.65	6.61	192	5.03	5
118	13.3	13.2	143	9.07	9	168	6.57	6.53	193	4.98	4.95
119	13.1	13	144	8.94	8.88	169	6.49	6.45	194	4.93	4.9

附錄表二　荷重為 300 gf 之維氏硬度值表

壓痕距離	HV (DPH)									
μm	0	0.1	0.2	0.3	0.4	0.5	0.6	0.7	0.8	0.9
20	1391	1377	1363	1350	1337	1323	1311	1298	1286	1273
21	1261	1249	1238	1226	1215	1203	1192	1181	1170	1160
22	1149	1139	1129	1118	1108	1099	1089	1079	1070	1061
23	1051	1042	1033	1025	1016	1007	999	990	982	974
24	966	958	950	942	934	927	919	912	904	897
25	890	883	876	869	862	855	849	842	836	829
26	823	816	810	804	798	792	786	780	774	769
27	763	757	752	746	741	735	730	725	720	715
28	709	704	699	694	690	685	680	675	671	666
29	661	657	652	648	643	639	635	631	626	622
30	618	614	610	606	602	598	594	590	586	583
31	579	575	571	568	564	561	557	553	550	547
32	543	540	536	533	530	527	523	520	517	514
33	511	508	505	502	499	496	493	490	487	484
34	481	478	476	473	470	467	465	462	459	457
35	454	451	449	446	444	441	439	436	434	432
36	429	427	424	422	420	417	415	413	411	408
37	406	404	402	400	398	396	393	391	389	387
38	385	383	381	379	377	375	373	371	369	368
39	366	364	362	360	358	356	355	353	351	349
40	348	346	344	342	341	339	337	336	334	332
41	331	329	328	326	325	323	321	320	318	317
42	315	314	312	311	309	308	306	305	304	302
43	301	299	298	297	295	294	293	291	290	289
44	287	286	285	283	282	281	280	278	277	276

附錄表二　荷重為 300 gf 之維氏硬度值表(續)

壓痕距離 μm	HV (DPH)									
	0	0.1	0.2	0.3	0.4	0.5	0.6	0.7	0.8	0.9
45	275	273	272	271	270	269	267	266	265	264
46	263	262	261	259	258	257	256	255	254	253
47	252	251	250	249	248	247	245	244	243	242
48	241	240	239	238	237	236	235	235	234	233
49	232	231	230	229	228	227	226	225	224	223
50	222	222	221	220	219	218	217	216	216	215
51	214	213	212	211	211	210	209	208	207	206
52	206	205	204	203	203	202	201	200	200	199
53	198	197	197	196	195	194	194	193	192	191
54	191	190	189	189	188	187	187	186	185	185
55	184	183	183	182	181	181	180	179	179	178
56	177	177	176	175	175	174	174	173	172	172
57	171	171	170	169	169	168	168	167	166	166
58	165	165	164	164	163	163	162	161	161	160
59	160	159	159	158	158	157	157	156	156	155
60	155	154	153	153	152	152	151	151	150	150
61	149	149	149	148	148	147	147	146	146	145
62	145	144	144	143	143	142	142	141	141	141
63	140	140	139	139	138	138	138	137	137	136
64	136	135	135	135	134	134	133	133	132	132
65	132	131	131	130	130	130	129	129	128	128
66	128	127	127	127	126	126	125	125	125	124
67	124	124	123	123	122	122	122	121	121	121
68	120	120	120	119	119	119	118	118	118	117
69	117	116	116	116	115	115	115	114	114	114

附錄表二　荷重為 300 gf 之維氏硬度值表(續)

壓痕距離 μm	HV (DPH)		壓痕距離 μm	HV (DPH)		壓痕距離 μm	HV (DPH)	壓痕距離 μm	HV (DPH)	壓痕距離 μm	HV (DPH)
	0	0.5		0	0.5						
70	114	112	95	61.6	61	120	38.6	145	26.5	170	19.2
71	110	109	96	60.4	59.7	121	38	146	26.1	171	19
72	107	106	97	59.1	58.5	122	37.4	147	25.7	172	18.8
73	104	103	98	57.9	57.3	123	36.8	148	25.4	173	18.6
74	102	100	99	56.7	56.2	124	36.2	149	25.1	174	18.4
75	98.9	97.6	100	55.6	55.1	125	35.6	150	24.7	175	18.2
76	96.3	95	101	54.5	54	126	35	151	24.4	176	18
77	93.8	92.6	102	53.5	52.9	127	34.5	152	24.1	177	17.8
78	91.4	90.3	103	52.4	51.9	128	33.9	153	23.8	178	17.6
79	89.1	88	104	51.4	50.9	129	33.4	154	23.5	179	17.4
80	86.9	85.8	105	50.4	50	130	32.9	155	23.2	180	17.2
81	84.8	83.7	106	49.5	49	131	32.4	156	22.9	181	17
82	82.7	81.7	107	48.6	48.1	132	31.9	157	22.6	182	16.8
83	80.7	79.8	108	47.7	47.2	133	31.4	158	22.3	183	16.6
84	78.8	77.9	109	46.8	46.4	134	31	159	22	184	16.4
85	77	76.1	110	46	45.6	135	30.5	160	21.7	185	16.3
86	75.2	74.3	111	45.1	44.7	136	30.1	161	21.5	186	16.1
87	73.5	72.6	112	44.3	43.9	137	29.6	162	21.2	187	15.9
88	71.8	71	113	43.6	43.2	138	29.2	163	20.9	188	15.7
89	70.2	69.4	114	42.8	42.4	139	28.8	164	20.7	189	15.6
90	68.7	67.9	115	42.1	41.7	140	28.4	165	20.4	190	15.4
91	67.2	66.4	116	41.3	41	141	28	166	20.2	191	15.2
92	65.7	65	117	40.6	40.3	142	27.6	167	19.9	192	15.1
93	64.3	63.6	118	39.9	39.6	143	27.2	168	19.7	193	14.9
94	62.9	62.3	119	39.3	38.9	144	26.8	169	19.5	194	14.8

附錄表三　荷重為 500 gf 之維氏硬度值表

壓痕距離 μm	HV (DPH)									
	0	0.1	0.2	0.3	0.4	0.5	0.6	0.7	0.8	0.9
30	1030	1023	1016	1010	1003	997	990	984	977	971
31	965	958	952	946	940	934	928	922	917	911
32	905	900	894	889	883	878	872	867	862	856
33	851	846	841	836	831	826	821	816	811	807
34	802	797	793	788	783	779	774	770	765	761
35	757	752	748	744	740	736	731	727	723	719
36	715	711	707	704	700	696	692	688	685	681
37	677	673	670	666	663	659	656	652	649	645
38	642	639	635	632	629	625	622	619	616	613
39	609	606	603	600	597	594	591	588	585	582
40	579	576	574	571	568	565	562	560	557	554
41	551	549	546	543	541	538	536	533	531	528
42	526	523	521	518	516	513	511	508	506	504
43	501	499	497	494	492	490	488	485	483	481
44	479	477	474	472	470	468	466	464	462	460
45	458	456	454	452	450	448	446	444	442	440
46	438	436	434	432	431	429	427	425	423	421
47	420	418	416	414	413	411	409	407	406	404
48	402	401	399	397	396	394	392	391	389	388
49	386	385	383	381	380	378	377	375	374	372
50	371	369	368	366	365	363	362	361	359	358
51	356	355	354	352	351	350	348	347	345	344
52	343	342	340	339	338	336	335	334	333	331
53	330	329	328	326	325	324	323	321	320	319
54	318	317	316	314	313	312	311	310	309	308

附錄表三　荷重為 500 gf 之維氏硬度值表(續)

壓痕距離 μm	HV (DPH)									
	0	0.1	0.2	0.3	0.4	0.5	0.6	0.7	0.8	0.9
55	306	305	304	303	302	301	300	299	298	297
56	296	295	293	292	291	290	289	288	287	286
57	285	284	283	282	281	280	279	278	277	277
58	276	275	274	273	272	271	270	269	268	267
59	266	265	265	264	263	262	261	260	259	258
60	258	257	256	255	254	253	252	252	251	250
61	249	248	248	247	246	245	244	244	243	242
62	241	240	240	239	238	237	237	236	235	234
63	234	233	232	231	231	230	229	228	228	227
64	226	226	225	224	224	223	222	221	221	220
65	219	219	218	217	217	216	215	215	214	213
66	213	212	212	211	210	210	209	208	208	207
67	207	206	205	205	204	203	203	202	202	201
68	200	200	199	199	198	198	197	196	196	195
69	195	194	194	193	192	192	191	191	190	190
70	189	189	188	188	187	187	186	185	185	184
71	184	183	183	182	182	181	181	180	180	179
72	179	178	178	177	177	176	176	175	175	174
73	174	173	173	173	172	172	171	171	170	170
74	169	169	168	168	167	167	167	166	166	165
75	165	164	164	163	163	163	162	162	161	161
76	160	160	160	159	159	158	158	158	157	157
77	156	156	156	155	155	154	154	154	153	153
78	152	152	152	151	151	150	150	150	149	149
79	149	148	148	147	147	147	146	146	146	145

附錄表三　荷重為 500 gf 之維氏硬度值表(續)

壓痕距離 µm	HV (DPH) 0	HV (DPH) 0.5	壓痕距離 µm	HV (DPH) 0	HV (DPH) 0.5	壓痕距離 µm	HV (DPH) 0	HV (DPH) 0.5	壓痕距離 µm	HV (DPH) 0	HV (DPH) 0.5
80	145	143	105	84	83.2	130	54.8	54.4	155	38.5	38.3
81	141	140	106	82.5	81.7	131	54	53.6	156	38	37.8
82	138	136	107	80.9	80.2	132	53.2	52.8	157	37.6	37.3
83	135	133	108	79.4	78.7	133	52.4	52	158	37.1	36.8
84	131	130	109	78	77.3	134	51.6	51.2	159	36.6	36.4
85	128	127	110	76.6	75.9	135	50.8	50.4	160	36.2	35.9
86	125	124	111	75.2	74.5	136	50.1	49.7	161	35.7	35.5
87	122	121	112	73.8	73.2	137	49.3	49	162	35.3	35.1
88	120	118	113	72.5	71.9	138	48.6	48.3	163	34.8	34.6
89	117	116	114	71.3	70.7	139	47.9	47.6	164	34.4	34.2
90	114	113	115	70	69.4	140	47.2	46.9	165	34	33.8
91	112	111	116	68.8	68.3	141	46.6	46.2	166	33.6	33.4
92	110	108	117	67.7	67.1	142	45.9	45.6	167	33.2	33
93	107	106	118	66.5	66	143	45.3	45	168	32.8	32.6
94	105	104	119	65.4	64.9	144	44.7	44.3	169	32.4	32.2
95	103	102	120	64.3	63.8	145	44	43.7	170	32	31.8
96	101	100	121	63.3	62.7	146	43.4	43.1	171	31.7	31.5
97	98.5	97.5	122	62.2	61.7	147	42.8	42.6	172	31.3	31.1
98	96.5	95.5	123	61.2	60.7	148	42.3	42	173	30.9	30.7
99	94.6	93.6	124	60.2	59.8	149	41.7	41.4	174	30.6	30.4
100	92.7	91.7	125	59.3	58.8	150	41.2	40.9	175	30.2	30
101	90.8	89.9	126	58.3	57.9	151	40.6	40.3	176	29.9	29.7
102	89.1	88.2	127	57.4	57	152	40.1	39.8	177	29.5	29.4
103	87.3	86.5	128	56.5	56.1	153	39.6	39.3	178	29.2	29
104	85.7	84.8	129	55.7	55.2	154	39	38.8	179	28.9	28.7

附錄表四　荷重為 1 Kgf 之維氏硬度值表

壓痕距離	HV (DPH)									
μm	0	0.1	0.2	0.3	0.4	0.5	0.6	0.7	0.8	0.9
40	1159	1153	1147	1142	1136	1130	1125	1119	1114	1108
41	1103	1098	1092	1087	1082	1076	1071	1066	1061	1056
42	1051	1046	1041	1036	1031	1026	1022	1017	1012	1007
43	1003	998	993	989	984	980	975	971	966	962
44	958	953	949	945	940	936	932	928	924	920
45	916	911	907	903	899	896	892	888	884	880
46	876	872	869	865	861	857	854	850	846	843
47	839	836	832	829	825	822	818	815	811	808
48	805	801	798	795	791	788	785	782	779	775
49	772	769	766	763	760	757	754	751	748	745
50	742	739	736	733	730	727	724	721	718	716
51	713	710	707	704	702	699	696	694	691	688
52	686	683	680	678	675	673	670	668	665	663
53	660	658	655	653	650	648	645	643	641	638
54	636	633	631	629	626	624	622	620	617	615
55	613	611	608	606	604	602	600	598	595	593
56	591	589	587	585	583	581	579	577	575	573
57	571	569	567	565	563	561	559	557	555	553
58	551	549	547	545	544	542	540	538	536	534
59	533	531	529	527	525	524	522	520	518	517
60	515	513	512	510	508	507	505	503	502	500
61	498	497	495	493	492	490	489	487	485	484
62	482	481	479	478	476	475	473	472	470	469
63	467	466	464	463	461	460	458	457	455	454
64	453	451	450	448	447	446	444	443	442	440

附錄表四　荷重為 1 Kgf 之維氏硬度值表(續)

壓痕距離 μm	HV (DPH)									
	0	0.1	0.2	0.3	0.4	0.5	0.6	0.7	0.8	0.9
65	439	437	436	435	433	432	431	430	428	427
66	426	424	423	422	421	419	418	417	415	414
67	413	412	411	409	408	407	406	405	403	402
68	401	400	399	397	396	395	394	393	392	391
69	389	388	387	386	385	384	383	382	381	379
70	378	377	376	375	374	373	372	371	370	369
71	368	367	366	365	364	363	362	361	360	359
72	358	357	356	355	354	353	352	351	350	349
73	348	347	346	345	344	343	342	341	340	339
74	339	338	337	336	335	334	333	332	331	330
75	330	329	328	327	326	325	324	324	323	322
76	321	320	319	318	318	317	316	315	314	314
77	313	312	311	310	309	309	308	307	306	306
78	305	304	303	302	302	301	300	299	299	298
79	297	296	296	295	294	293	293	292	291	290
80	290	289	288	288	287	286	285	285	284	283
81	283	282	281	280	280	279	278	278	277	276
82	276	275	274	274	273	272	272	271	270	270
83	269	268	268	267	267	266	265	265	264	263
84	263	262	262	261	260	260	259	258	258	257
85	257	256	255	255	254	254	253	252	252	251
86	251	250	250	249	248	248	247	247	246	246
87	245	244	244	243	243	242	242	241	241	240
88	239	239	238	238	237	237	236	236	235	235
89	234	234	233	232	232	231	231	230	230	229

附錄表四　荷重為 1 Kgf 之維氏硬度值表(續)

壓痕距離 μm	HV (DPH)		壓痕距離 μm	HV (DPH)		壓痕距離 μm	HV (DPH)		壓痕距離 μm	HV (DPH)	
	0	0.5		0	0.5		0	0.5		0	0.5
90	229	226	115	140	139	140	95	94	165	68	68
91	224	221	116	138	137	141	93	93	166	67	67
92	219	217	117	135	134	142	92	91	167	66	66
93	214	212	118	133	132	143	91	90	168	66	65
94	210	208	119	131	130	144	89	89	169	65	65
95	205	203	120	129	128	145	88	88	170	64	64
96	201	199	121	127	126	146	87	86	171	63	63
97	197	195	122	125	124	147	86	85	172	63	62
98	193	191	123	123	122	148	85	84	173	62	62
99	189	187	124	121	120	149	84	83	174	61	61
100	185	184	125	119	118	150	82	82	175	61	60
101	182	180	126	117	116	151	81	81	176	60	60
102	178	176	127	115	114	152	80	80	177	59	59
103	175	173	128	113	112	153	79	79	178	59	58
104	171	170	129	111	111	154	78	78	179	58	58
105	168	167	130	110	109	155	77	77	180	57	57
106	165	163	131	108	107	156	76	76	181	57	56
107	162	160	132	106	106	157	75	75	182	56	56
108	159	157	133	105	104	158	74	74	183	55	55
109	156	155	134	103	102	159	73	73	184	55	54
110	153	152	135	102	101	160	72	72	185	54	54
111	150	149	136	100	100	161	72	71	186	54	53
112	148	146	137	99	98	162	71	70	187	53	53
113	145	144	138	97	97	163	70	69	188	52	52
114	143	141	139	96	95	164	69	69	189	52	52

EXPERIMENTATION
OF MECHANICAL ENGINEERING

12

蕭氏硬度試驗

12.1　實驗目的

　　利用蕭氏(Shore)硬度計來測定金屬材料的硬度。即測定材料表面受到壓痕器壓刺時，表面層抵抗被壓凹而塑變的能力。

12.2　實驗設備

　　蕭氏硬度計一架，標準硬度試片數個。

12.3　實驗原理

　　蕭氏硬度計量測硬度的原理與前述三種略異，它是利用裝鑽石尖端的一個小錘從一特定的高度上放開，自由撞到試片的表面，撞凹試片後，受材料彈性彈回的高度來定出材料的硬度。因為材料被撞凹而塑性變形時會吸收大量的機械能，吸收的能量愈多，變形愈大，彈回的高度愈低，所以硬度愈小。由於小錘的反彈高度與材料的彈性係數有關，所以蕭氏硬度比較適合用來比較具有相同彈性係數的材料硬度。其優點是測試方便，迅速，並且其凹痕微小。

　　一般蕭氏硬度試驗機可分為目測型(C 型)及指示型(D 型)兩種。目測型是由目測方法來觀察小撞錘之反彈高度。而指示型如圖 12.1，則是將反彈高度經由機構之原理以刻度盤刻度之大小來表示硬度值。

圖 12.1　蕭氏硬度計，指示型(D 型)

一、蕭氏硬度(Shore hardness)

以鑽石小錘撞擊經水淬硬化之 AISI W5 工具鋼試塊，將平均反跳高度定做蕭氏硬度 100，然後再將 h 分為 100 等分，圖 11.2 為其示意圖。

蕭氏硬度計可以量測比水淬工具鋼更硬的材料，故硬度計上之刻度均大於 100。Model C 目測型其刻度為 0～140，Model D 指示型其刻度盤為 0～120或 140。

二、蕭氏硬度的表示

蕭氏硬度值的表示如下：

例：HS55，HS70

如須說明採用 Model C 型或 Model D 型硬度計時，表示法如下。

例：HSC55，HSD70

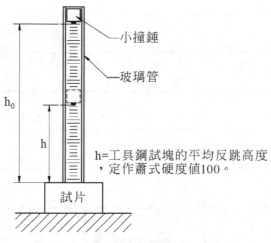

圖 12.2　蕭氏硬度之表示法示意圖

12.4　實驗步驟

1. 將不同金屬的材料切割成高度至少為 10mm，直徑或邊長至少 15mm 以上的試塊。

2. 將切割好的試片以研磨用砂紙，將試片測試面磨平，以磨到#600 號為準。

3. 參照蕭氏硬度計的操作須知及程序進行硬度測試，然後讀取硬度值。每一種材料至少量取三個硬度值，以平均值做為該材料的硬度。

12.5　實驗結果與記錄

表 12.1　蕭氏硬度試驗記錄表

試件編號	1			2			3			4		
材料種類												
硬度計型別												
試驗次數	1	2	3	1	2	3	1	2	3	1	2	3
蕭氏硬度												
平均蕭氏硬度												
備註												

12.6 問題討論

1. 試舉例說明蕭氏硬度機在工業上應用有哪些優點。

2. 蕭氏硬度試驗為何其較適用於具有相同彈性係數之材料。

3. 如墩座沒有壓緊試片，硬度值將增加或減少，試討論之。

4. 造成蕭氏硬度值讀數偏高或偏低的因素有那些？

12.7 進一步閱讀的資料

1. CNS 7095 Z8018 蕭氏硬度試驗法。

2. CNS 8766 B6067 蕭氏硬度試驗機。

3. ASTM E448 Practice for Scleroscope Hardness Testing of Metallic Materials.

4. JIS B7731 Shore hardness test -- Calibration of reference blocks.

5. ASM Handbook Volume 8: Mechanical Testing and Evaluation.

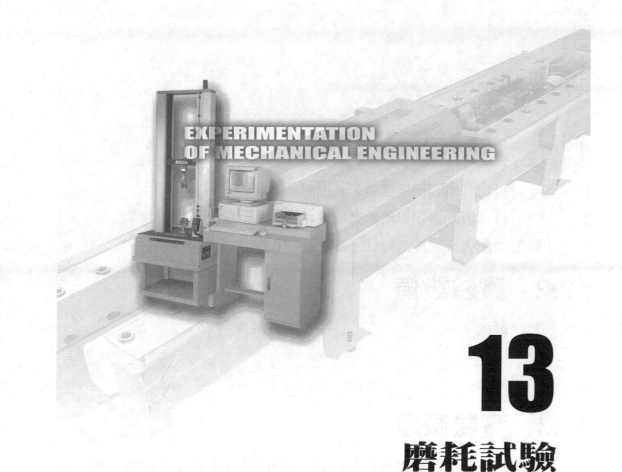

EXPERIMENTATION
OF MECHANICAL ENGINEERING

13

磨耗試驗

13.1　實驗目的

1. 測定材料與其他固體接觸時，表面耐磨的能力。
2. 測定材料之滾動磨損與滑動磨損。
3. 比較乾磨擦與濕磨擦的特性。

13.2　實驗設備

1. 磨耗試驗機。
2. 分厘卡。
3. 精密天平。

11.3　實驗原理

　　磨耗(wear)是兩個固體表面接觸後，經磨擦而使表面層材料脫落的現象。接觸面間產生磨耗的型式，基本上可分為四種：黏著磨耗(adhesive wear)、刮擦磨耗(abrasive wear)、表面疲勞(surface contact fatigue)及腐蝕磨耗(corrosive wear)。各種型式的磨耗，略述如下：

一、黏著磨耗

　　固體表面接觸時，其高高低低的峰端，會防礙兩個固體表面作百分之百的接觸。最高最先碰到的峰端受到最大的壓力而產生塑性變形。這些產生塑性變形的接觸峰端，又會因壓力太大而起冷焊(cold welding)作用，這可能使兩峰端互相黏著在一起，如圖 13.1。由於運動，這互相黏著的兩峰端，將因剪力作用而被剪斷。剪斷處若在原來的接著處，則不構成磨耗；然而大部份的情況是由於冷焊引起該峰端材料的加工硬化而增加強度，這將使剪斷處發生在最弱的一環，導致材料從較弱的一邊被黏到較強的一邊，如圖 13.2。此種作用如果繼續進行則會造成嚴重的磨耗，這種磨耗現像即稱為黏著磨耗。

據 Archard 的簡單推導，黏著磨耗的磨損體積與滑行距離成正比，與負荷成正比，與較軟的降伏強度成反比。

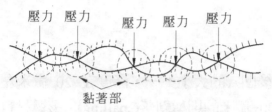

圖 13.1　兩對磨材料互相黏著的情形

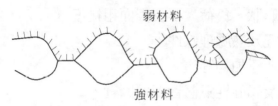

圖 13.2　黏著部位強度較弱的地方被剪斷形成黏著磨耗

二、刮擦磨耗

刮擦磨耗是硬質固體表面的峰端崁入軟質物體的表面，再經運動犁起軟質材料的一種磨耗型式。有時外界的硬質顆粒，在進入兩接觸面之時，也會引起刮擦磨耗的現象。

刮擦磨耗的體積磨耗量與滑動距離、負荷成正比、而與硬度成反比。

三、表面疲勞磨耗

最容易發生在油膜潤滑下的滾動及滑動機件上。這是接觸表面層下的應力。因滾－滑動而成為反覆週期應力，在相當週期之後，接觸表面的材料會疲勞而突然脫落，形成表面疲勞磨耗，又稱表面接觸疲勞(surface contact fatigue)。

表面接觸疲勞的過程可分為四階段：

1. 裂縫的生成。
2. 裂縫延伸。
3. 第二裂縫產生。
4. 凹穴形成。

表面接觸疲勞後凹穴的大小不一，深度在 20 微米左右的凹穴稱為麻點(pitting)，深度達 200 微米的則稱剝落(spalling)。影響材料表面疲勞磨耗的因素很多，可以歸納出下面幾種：

1. 接觸面的幾何形狀、負荷大小及表面粗糙度。
2. 材料的冶煉狀況及熱處理條件。
3. 潤滑油的黏度及添加物等。
4. 環境中的水氣及腐蝕性氣體皆促進磨耗。
5. 溫度過高，使潤滑油黏度降底而促進磨耗。

四、腐蝕磨耗

如果接觸表面的環境有腐蝕性氣體或液體存在時，表面將會受到腐蝕而有硬、脆的氧化物出現。這氧化物及母材的結合力較弱，很容易在接觸時被移走，如果不斷的進行，即造成腐蝕磨耗，如圖 13.3。

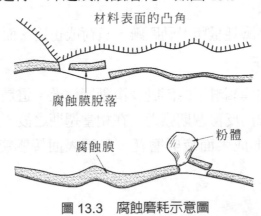

圖 13.3 腐蝕磨耗示意圖

五、影響磨耗的因素

　　磨耗除了以上四種主要的損壞形式外，事實上還受許多複雜因素的影響，所以磨耗試驗除了解試片彼此間磨耗量的大小之外，還必須對整個磨耗狀況有充份的瞭解，這樣才能正確的選擇材料及改善其耐磨性。以下是影響耐磨耗性的一些因素：

1. 黏著性－不易黏著的材料組合，耐磨性較大，

2. 表面氧化膜－氧化膜可防止黏著者較好，若易黏著或脫落，則磨耗增多，

3. 化學安定性－易腐蝕者容易引起腐蝕磨耗，

4. 熱傳導性－摩擦熱散熱較快者不易磨耗，

5. 硬度與強度－硬材料接觸點變形少，耐磨耗性好，接觸不良時，不易服貼，會增加磨耗量，

6. 表面糙度－粗糙度大時，接觸不良，且易引起刮除作用，故磨耗量大。

7. 潤滑劑－潤滑劑可形成油膜，減少摩擦量，但接觸壓力大時，油膜破裂，金屬因黏著而增加磨耗量。加潤滑劑的磨耗試驗比較能模擬實際狀況，但磨耗量易受潤滑劑性質，滲入摩擦面的程度及溫度等因素影響，而且磨耗量太少也不容易測定，所以如加潤滑劑的試驗不容易比較材料的耐磨性，通常也可以乾式法進行磨耗試驗。

六、磨耗試驗機

　　磨耗試驗機的種類很多，一般都針對機件運轉的特性而設計，大體上可區分為滑動磨耗與滾動磨耗試驗機兩大類，如圖 13.4 所示。裝置的型式如圖 13.5 所示，(a)～(e)為滑動型磨耗，(f)則為滾動型磨耗。滑動型試驗機適合模擬機件中滑塊的磨耗現象，滾動型試驗機則適合於模擬齒輪之齒面、凸輪面及鋼軌等之磨耗現象。

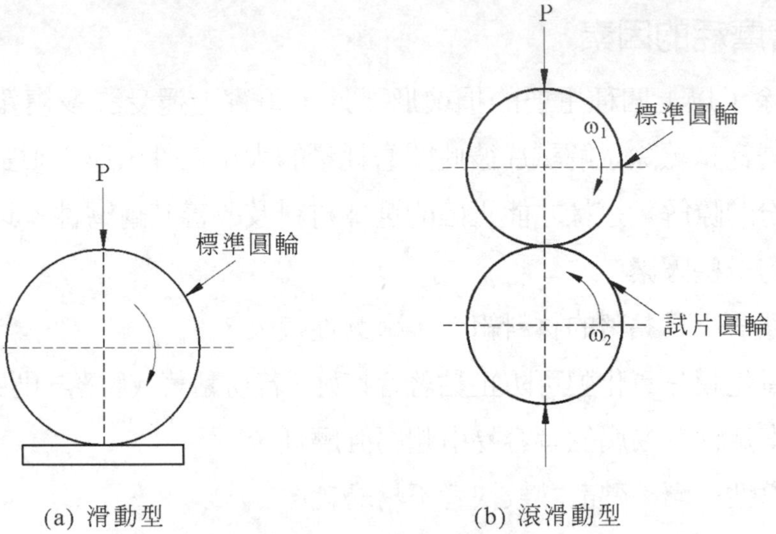

標準圓輪

P

標準圓輪

試片圓輪

ω_1

ω_2

(a) 滑動型   (b) 滾滑動型

圖 13.4 磨耗類別示意圖

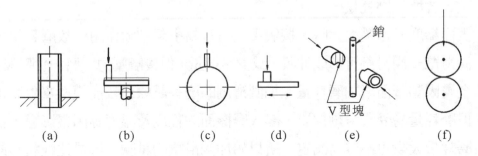

銷

V 型塊

(a)   (b)   (c)   (d)   (e)   (f)

圖 13.5 磨耗試驗機的類型

　　滑動型磨耗試驗機的測試試片是固定不動的，與轉動而且比較硬的標準圓輪接觸，經過相當的轉數之後，固定試片的重量損失可以做為磨耗量的觀察。固定試片上磨耗痕跡的深度或長度也可以用來指示磨耗程度是否嚴重。

　　西原式(Nishihara)磨耗試驗機，係滾－滑動磨號試驗的一種機型。其測試試片與對磨耗標準試片都是圓輪，兩者的轉速可以經由齒輪的調整而相等或有快慢。兩者齒數相等，則只發生滾動磨耗，若齒輪數目不同，則會形成滾

－滑動磨耗。假定測試試片齒輪數爲 n_1，對磨標準試片之齒輪數爲 n_2，且 n_1 $> n_2$，則兩者間的滑動比爲 $(n_1 - n_2) / n_1 \times 100\%$。此試驗機滑動比有 9、20、30% 三種，其對應的齒輪數分別爲(66，60)、(70，56)、(74，52)。標準對磨試片 轉速爲 800 rpm，壓縮荷重 30～300kg，計算器每一個數字代表 100 轉。

如圖 13.4(b)所示，當兩固體圓輪互相接觸而產生滾動－滑動磨耗時，接 觸表面會產生壓應力和剪應力兩種應力，壓應力垂直於接觸面，剪應力則平 行於接觸面，剪應力與壓應力通常成正比關係，其比例常數稱爲摩擦係數。 一般在乾燥無潤滑的情況下，摩擦係數約在 1/3～1/4 之間。

假設　　　　P = 兩試片間的壓力(kgf)

E = 試片之彈性係數(kgf/mm²)

r_1 = 上測試片之半徑(mm)

r_2 = 下測試片之半徑(mm)

b = 試片之寬度(mm)

σ = 試片之壓應力(kgf/mm²)

則　　　　$$\sigma = 0.418 \sqrt{\frac{PE}{b} \left(\frac{1}{r_1} + \frac{1}{r_2} \right)} \qquad\qquad (13.1)$$

具有潤滑油的循環系統，可以提供試驗時圓輪間的潤滑作用。潤滑油在 磨耗過程中的角色相當重要，選用合宜的潤滑油可以將磨耗量降到最低。潤 滑油除了可以將接觸體所生的熱量帶走以維持固體溫度不升高之外，尚可以 提供油膜，以隔離兩接觸面尖峰端的接觸。

在潤滑油內添加某些化合物，更可以促進潤滑油效果，降低磨耗。二硫 化鉬及石墨即是兩種效果甚佳的固體添加物，這也是近代科技進步所得到的 新產品。

13.4 實驗步驟

1. 依磨耗試驗機的規格製作出試驗試片。製作試片的程序，事先車出毛胚，經硬化處理後再進一步精磨成適當的尺寸。

2. 量測試片之硬度，並以丙酮清洗油污。

3. 測試片之尺寸，精度到 $2\mu m$。

4. 測試片之重量，精度到 $1mg$。

5. 選擇適當滑動比，然後調整上下軸之齒輪數。

6. 將測試試片和標準對磨試片方別裝在上、下軸上。

7. 旋轉荷重把手，選擇所需的荷重。

8. 調整計數器使之歸零。

9. 無潤滑狀態試驗時，將循環油關閉，加油試驗時，可以用 SAE#30，90 的潤滑油。

10. 啟動按鈕開關試驗，無潤滑狀態將轉數定為 0.5×10^4，1.0×10^4，$\cdots$，5×10^4 共 6 次，潤滑狀態試驗分別將轉數定為 0.5×10^6，1.0×10^6，2.0×10^6，$\cdots$，5×10^6 共 6 次。

11. 到達轉數後，取下兩試片，分別量測磨耗量和外徑減少量，並觀察其摩擦面情形。

12. 繪出磨耗量和迴轉數曲線。

13.5　實驗結果與記錄

表 13.1　磨耗試驗結果記錄表

試片編號		材料種類	試片硬度 HRc	重量變化記錄			尺寸變化記錄			所需轉數 (千週)	試片外表特徵	外加負荷 (kgf)	試片轉速 (mm/s)	備註
				試片原重量 (g)	試驗後重量 (g)	重量損失 (磨耗量)(g)	試片原直徑 (mm)	試驗後直徑 (mm)	直徑減少量 (m/m)					
A	1													
	2													
B	1													
	2													
C	1													
	2													
D	1													
	2													

13.6　問題與討論

1. 何謂磨耗？磨耗基本上可分爲哪幾種？
2. 一般影響材料疲勞磨耗之因素有哪些？
3. 滑動與滾－滑動磨耗有何區別？請用圖示說明？
4. 繪出各種材料磨耗量與磨耗所經總轉數之間關係曲線，並可進一步討論磨耗量之變化特性，如爲直線型、拋物型或指數線型。
5. 就試驗試片中，討論材料及其硬度對耐磨耗損能力之影響。

13.7　進一步閱讀的資料

1. ASTM G40 Terminology Relating to Wear and Erosion.
2. ASTM G190 Guide for Developing and Selecting Wear Tests.
3. ASTM G99 Standard Test Method for Wear Testing with a Pin-on-Disk Apparatus.
4. Budinski, Kenneth G., "Guide to Friction, Wear, and Erosion Testing", ASTM International, 2007..
5. ASM Handbook Volume 8: Mechanical Testing and Evaluation.

EXPERIMENTATION
OF MECHANICAL ENGINEERING

14

硬化能試驗

14.1　實驗目的

1.　了解 Jominy 端面淬火試驗的操作步驟。
2.　探討不同材質的硬化能大小。
3.　探討不同沃斯田鐵化溫度對硬化能的影響。
4.　學習如何由硬化能曲線作適當鋼材的選擇。

14.2　實驗設備

1.　高溫爐。
2.　鉗子。
3.　Jominy 端面淬火槽。
4.　金相光學顯微鏡
5.　硬度試驗機。

14.3　實驗原理

一、影響硬化能的因素

　　許多鋼鐵零件可經由淬火加強其硬度，硬化的深度與程度是由下述因素而定。

1.　零件的形狀與大小。
2.　淬火液之溫度、流動性、導熱性與黏滯性等情況。
3.　鋼的種類。

　　在此我們僅考慮最後一項因素，鋼的種類，即有關於鋼的硬化能力(hardenability)。所謂硬化能力是指鋼淬火時，其斷面硬化之深度及硬度分布之情況，亦即度量鋼可經由冷卻而增加硬度的難易。硬化能的數值是熱處理時選擇適當鋼料的重要依據。冷卻後硬度增加的原因主要是由於麻田散鐵(martensite)的形成。只有在形成 100%麻田散鐵時，始能達到最高硬度。如果某種鋼經由冷卻，一些沃斯田鐵(austenite)轉變成肥粒鐵(ferrite)與碳化物(carbide)，則其硬度將減少許多。鋼中的沃斯田鐵如果很容易轉變成肥粒鐵與碳化物，則此種鋼的硬化能力必然較小。除鈷元素外大部分合金元素的添加可減慢此種轉變，因而增加其硬化能力。

　　鋼經過淬火後是否容易產生麻田散鐵是與它的 TTT(Time Temperature Transformation)圖有關。如果鋼材的 TTT 曲線愈往右移，表示其愈容易經由淬火生成麻田散鐵，則硬化能愈大。鋼材的化學成分，包括含碳量與合金元素，對其硬化能的影響相當大。其它影響因素尚有沃斯田鐵晶粒大小，沃斯田鐵化時之均勻性以及淬火溫度等。沃斯田鐵晶粒愈小表示晶粒邊界區域的面積愈大，則初析肥粒鐵或波來鐵很容易非均勻結核在晶粒邊界上，故硬化能力較小。沃斯田鐵化時如果沒有得到均勻的結構，例如合金元素的碳化物或一些氧化物未溶於沃斯田鐵內，則容易成為初析肥粒鐵或波來鐵成核的位置，因而減低了硬化能。

二、硬化能的測試方法

　　常用測試硬化能的試驗方法因鋼的種類而異，有喬米尼(Jominy)端面淬火法與理想臨界直徑法兩種方式。這裡僅就端面淬火法作介紹。淬火裝置如圖 14.1 及圖 14.2 所示，試片垂直放置於淬火架上，其淬火端面位於噴水嘴正上方 0.5 英吋之處，水自內徑為 0.5 英吋管口噴出的自由高度須為 2.5 英吋。淬水時此自由高度不可有變化，因此須具備有溢水裝置之水箱。試片為圓柱體，其標準直徑為 1 英吋，長度為 4 英吋。試片應先經正常化處理並除去表面之脫碳層，然後加工至規定的尺度，並將其受淬火之一端研磨至表面平滑。鑄造的鋼料可免去正常化處理。

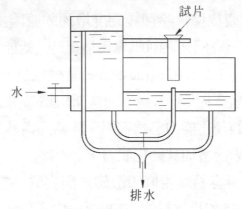

圖 14.1 Jominy 端面淬火試驗裝置略圖

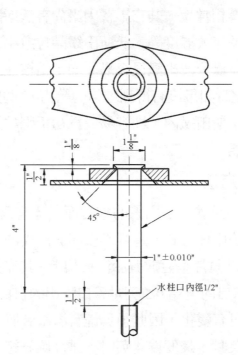

圖 14.2 Jominy 端面淬火試棒尺寸及淬火裝置

　　　淬火溫度，即沃斯田鐵溫度，應在 A_3 上 40℃，保持時間為 30 分鐘。為避免試片的氧化及脫碳現象，可使用保護氣體，或將淬火端埋入炭料或鑄鐵切屑中，然後將試片迅速自爐中取出放於淬火架上，時間應少於 5 秒鐘。然後以 5 至 30℃ 之噴水冷卻之，最少須冷卻 10 分鐘，至全部冷卻為止。

　　　經冷卻後之試片，應沿側面全長磨去兩平面，每個磨去之深度為 0.015 英吋，此時兩平面相距 180 度，測量硬度應在此兩平面為之，並取其平均值。研磨試片時，應避免產生熱而引起組織與硬度的變化。因研磨熱所引起之組織變化可由下述方法來查之：

　　　採取兩種浸蝕劑(1)5%硝酸(比重 1.42) + 95%水；(2)50%鹽酸(比重 1.18) + 50%水。將試片以溫水洗淨，用第一號溶液腐蝕，直至試片表面呈黑色，時間約為 30 至 60 秒，經溫水清洗後，再浸入第二號溶液，約 3 秒鐘，再用溫水清洗，吹乾之，即可進行檢定。如在腐蝕的表面顯示或明或暗的混合斑紋，則顯示試片於磨製時材料的硬度與組織有所改變，因此須經試片重新研磨及腐蝕。如材料組織改變甚劇，則須重新磨製新平面，再測定硬度。硬度測量應從試桿軸線方向距淬火端 1/16 英吋處開始，每隔 1/16 英吋處測定 IIRC 硬度或維克氏硬度，各測定點之位置須保持正確，以得到試樣全長的正確硬度分布曲線。試片軸向之硬度變化繪成端面淬火硬化能曲線，縱座標表示硬度數值，橫座標表示測點距淬火端之距離。

14.4　實驗方法

1.　將中碳鋼或高碳鋼材料加工為 Jominy 端面淬火標準試桿各 2 支。
2.　將中、高碳鋼 Jominy 試桿沃斯田鐵化，900℃/30 分鐘，850℃/30 分鐘各 1 支。

3. 將試桿迅速自爐中拿至 Jominy 淬火槽架上，少於 5 秒鐘，以 5 至 30℃ 之噴水冷卻之。噴水相關規定請參考實驗原理部份。

4. 10 分鐘後，取出試桿，以濕磨方式將其兩側面磨至一 3/8 英吋之寬平帶。

5. 從端面處起依規定位置量測硬度值。

14.5　實驗結果與記錄

1. 將 Jominy 端面淬火試驗的硬度值記錄於表 14.1。

2. 以距離為橫座標，硬度值為縱座標繪出硬度變化曲線，即 Jominy 曲線，或稱硬化能曲線。

14.6　問題與討論

1. 由硬化能曲線比較不同碳含量及沃斯田鐵化溫度對硬化能的影響。

2. 影響硬化的因素有那些？

3. 試著沿淬火端面觀察金相組織的變化，並與硬化能曲線作一比較。

14.7　進一步閱讀的資料

1. 林本源等著 〝熱處理〞，1994，高立圖書公司。

2. 黃振賢著 〝金屬熱處理〞，1996，文京圖書公司。

3. 林樹均等著 〝材料工程實驗與原理〞，1995，全華圖書公司。

4. 楊義雄譯 〝熱處理 108 招祕訣〞，1995，機械技術出版社。

5. Metals Handbook, 9th ed., Vol.8, 1985, ASM.

6. 林進誠著 〝材料實驗〞，1995，高立圖書公司。

7. 大和久重雄著 〝S 曲線-熱處理恆溫變態曲線〞，1997，正言出版社。

表 14.1　Jominy 端面淬火試驗的硬度值

原材質名稱	加熱溫度	加熱時間	硬度值 (HR$_c$) (位置單位,inch)																					
			1	2	3	4	5	6	7	8	9	10	12	16	20	24	28	32	40	48	56	64
			16	16	16	16	16	16	16	16	15	16	16	16	16	16	16	16	16	16	16	16

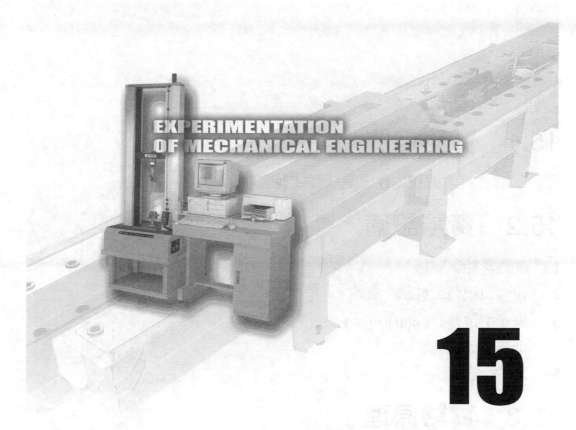

EXPERIMENTATION
OF MECHANICAL ENGINEERING

15

破裂韌性試驗

15.1 實驗目的

了解材料的破裂韌性，並練習破裂韌性試驗的操作方法。

15.2 實驗設備

1. 動態萬能試驗機。
2. 拉伸型破裂韌性試片夾頭。
3. 夾子型位移計(clip gauge) 。
4. 低倍率放大鏡。
5. X－Y 記錄器。

15.3 實驗原理

一、裂縫尖端之應力場

高強度金屬材料通常具有較低的韌性，當它們被應用爲結構材料時，將出現所謂的凹槽敏感性(notch sensitivity)。換句話說，當凹槽存在於結構件上，其所能承受的破裂應力將低於一般拉伸試驗所測得之拉伸強度。事實上，結構件很難避免凹槽的存在，它們包括螺絲紋、插銷槽、彎角等，甚至表面的粗糙不平也具有凹槽的效應。因此如何測定材料在凹槽或裂縫存在下的破裂應力(fracture stress)或破裂韌性(fracture toughness)是一項很重要的試驗。近年來，由於破裂力學的進步，已發展了一些破裂試驗方法可以測定材料的韌性參數，如 K_c 與 K_{IC}、$CTODc$ 與 $CTOD_{IC}$、R 曲線、J_c 與 J_{Ic} 等。這有助於機械設計上安全的考量，它們包括通常的材料選擇以及裂縫容忍度、破裂應力、破裂壽命的預測與評估。

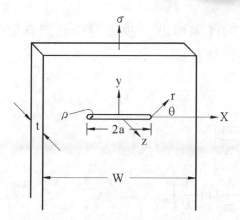

圖 15.1　含 2a 長度裂縫之板塊

根據彈性力學之推導，一個含有 2a 長度裂縫之無限寬(W = ∞)板，如圖 15.1 所示，受外加應力 σ 的作用，其尖端附近之應力分佈函數爲：

$$\sigma_x = \frac{K}{\sqrt{2\pi r}}\left[\cos\frac{\theta}{2}\left(1-\sin\frac{\theta}{2}\sin\frac{3\theta}{2}\right)\right]$$

$$\sigma_y = \frac{K}{\sqrt{2\pi r}}\left[\cos\frac{\theta}{2}\left(1+\sin\frac{\theta}{2}\sin\frac{3\theta}{2}\right)\right] \qquad (15.1)$$

$$\tau_{xy} = \frac{K}{\sqrt{2\pi r}}\left(\sin\frac{\theta}{2}\cos\frac{\theta}{2}\cos\frac{3\theta}{2}\right)$$

$\sigma_z = 0$　(平面應力)薄板的情況

$\sigma_z = \nu\left(\sigma_x + \sigma_y\right)$　(平面應變)厚板的情況

其中　　$K = \sigma\sqrt{\pi a}$ 。

Irwin 稱 K 爲應力強度因子(stress intensity factor)。可見應力的分布除座標位置外，只與 K 有關。

此外，彈性力學的理論可進一步推導在有限寬板的情形下，其應力分佈函數只須對K作幾何修正即可：

$$K = \alpha\sigma\sqrt{\pi a} \tag{15.2}$$

$$\alpha = \left(\frac{W}{\pi a}\tan\frac{\pi a}{W}\right)^{\frac{1}{2}} \tag{14.3}$$

亦即　　$$K = \sigma\sqrt{\pi a}\left(\frac{W}{\pi a}\tan\frac{\pi a}{W}\right)^{\frac{1}{2}} \tag{15.4}$$

材料破裂時的應力強度因子稱為臨界應力強度因子，以 K_C 表示。當外加應力所造成的應力強度因子大於 K_C 時，材料即發生破裂，因此 K_C 又稱為材料之破裂韌性。

二、破裂的三種基本型態

裂縫承受應力的情況有三種基本型態，如圖 15.2 所示。型態 I (mode I) 為裂縫承受垂直應力的情形，其破裂面位移的方向垂直於破裂面；型態 II (mode II)為承受平行於破裂面之剪力且產生垂直於裂縫前端線(leading edge of the crack)的位移；型態 III (mode III)也是承受平行於破裂面之剪力但產生平行於縫前端線的位移。

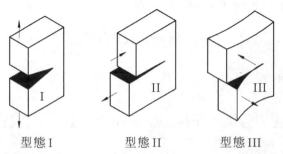

型態 I　　　　　　型態 II　　　　　　型態 III

圖 15.2　破裂的三種基本型態：型態 I 為張開型，型態 II 為滑移型，型態Ⅲ為撕開型

此三種破裂型態之應力強度因子分別以 K_I、K_{II} 及 K_{III} 加以區別，而其裂縫尖端附近之應力場為：

型態 I：
$$\sigma_x = \frac{K_1}{\sqrt{2\pi r}}\left[\cos\frac{\theta}{2}\left(1-\sin\frac{\theta}{2}\sin\frac{3\theta}{2}\right)\right]$$

$$\sigma_y = \frac{K_1}{\sqrt{2\pi r}}\left[\cos\frac{\theta}{2}\left(1+\sin\frac{\theta}{2}\sin\frac{3\theta}{2}\right)\right] \tag{15.5}$$

$$\tau_{xy} = \frac{K_1}{\sqrt{2\pi r}}\left(\sin\frac{\theta}{2}\cos\frac{\theta}{2}\cos\frac{3\theta}{2}\right)$$

$\sigma_z = 0$　(平面應力)薄板的情況

$\sigma_z = \nu(\sigma_x + \sigma_y)$　(平面應變)厚板的情況

其中　$KI = \sigma\sqrt{\pi a}$。

型態 II：
$$\sigma_x = \frac{-K_{II}}{\sqrt{2\pi r}}\sin\frac{\theta}{2}\left[2+\cos\frac{\theta}{2}\cos\frac{3\theta}{2}\right]$$

$$\sigma_y = \frac{K_{II}}{\sqrt{2\pi r}}\sin\frac{\theta}{2}\cos\frac{\theta}{2}\cos\frac{3\theta}{2} \tag{15.6}$$

$$\tau_{xy} = \frac{K_{II}}{\sqrt{2\pi r}}\cos\frac{\theta}{2}\left[1-\sin\frac{\theta}{2}\sin\frac{3\theta}{2}\right]$$

$\sigma_z = \nu(\sigma_x + \sigma_y)$ ，　$\tau_{xy} = \tau_{yz} = 0$

其中　$K_{II} = \tau\sqrt{\pi a}$。

型態III：$\tau_{xz} = \dfrac{-K_m}{\sqrt{2\pi r}}\sin\dfrac{\theta}{2}$

$\qquad\qquad \tau_{yz} = \dfrac{K_m}{\sqrt{2\pi r}}\cos\dfrac{\theta}{2}$ $\qquad\qquad\qquad\qquad$ (15.7)

$\qquad\quad \sigma_x = \sigma_y = \sigma_z = \tau_{xy} = 0$

$\qquad$ 其中 $\quad K_m = \tau\sqrt{\pi a}$

　　實際的破裂型態爲這三種基本型態的組合，故其應力場分佈函數爲(15.5)式、(15.6)式及(15.7)式的綜和。在測定材料破裂韌性方面，通常採用型態 I 之破裂方式較爲方便。習慣上，以此型態測定薄試片也就是平面應力的情形，臨界強度因子寫爲 K_C，稱爲平面應力破裂韌性，而對厚試片也就是平面應變的情形，則表示爲 K_{IC}，稱爲平面應變破裂韌性。

　　厚的試片由於形成三軸向應力狀態亦即平面應變之狀態，其塑性變形區較小，故裂縫擴大阻力較小，使得所測之破裂應力或破裂韌性亦較小；而薄的試片爲雙軸向應力狀態，亦即平面應力狀態，其塑性變形區較大，破裂應力或韌性亦較大。圖 15.3 顯示試片厚度對破裂應力影響情形，由此圖可看出試片厚度超過某一臨界厚度後，破裂應力達到定值，也就是說破裂韌性 K_C 值不再受厚度影響，此一固定值即所謂的平面應變 K_{IC} 值，由此可知 K_{IC} 不受厚度影響，如同降伏強度一樣，K_{IC} 可視爲材料常數(material constant)；另一方面平面應力之破裂韌性 K_C 值則受厚度影響，其最高值可達 K_{IC} 值兩倍以上，除此之外，K_C 值亦受裂縫起始長度、試片寬度的影響，因此 K_C 值只在厚度、裂縫起始長度、試片寬度相同下，才可視爲定值。

　　達到平面應變破裂之臨界厚度通常可用下式估計：

$$B = 2.5\left(\frac{K_{IC}}{\sigma_{ys}}\right)^2 \tag{15.8}$$

其中 σ_{ys} 為降伏強度。此式得到的試片厚度會遠大於試片表面產生平面應力塑性變形區的大小，如此將可免受平面應力的影響。

三、破裂韌性 K_{IC} 的量測

　　破裂韌性的量測，包括有 K_{IC} 與 K_C 測定、$CTOD_{IC}$ 與 $CTOD_C$(臨界裂縫尖端張開位移量)測定、J_{IC} 與 J_C(臨界 J 積分量)測定、及 R 曲線之測定等。在此僅就 K_{IC} 測定法加以說明。

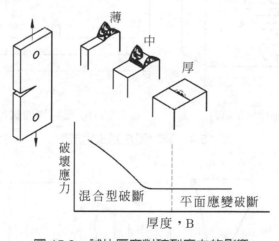

圖 15.3　試片厚度對破裂應力的影響

　　平面應變破裂韌性測定須根據 ASTM E399/83 測試規範，主要的試片形狀及尺寸有兩種，一為拉伸型試片(compact tension specimen)，一為三點彎曲型試片(three-point bend specimen)，如圖 15.4 所示，通常試片寬度W取兩倍於

厚度 B，或 2B＜W＜4B。厚度須足夠到滿足平面應變條件，換句話說，須參考(15.8)式之臨界厚度計算。

韌性試片在測試前，須先作疲勞預裂縫(fatigue precrack)使得裂縫總長度 a 介於 0.45～0.55W 間。疲勞作用之應力強度因子必須小於 $0.6K_{IC}$，以避免疲勞裂縫尖端產生塑性變形而鈍化，以得到高度尖銳的裂縫尖端。為了得到平整的尖端前緣，試片之凹槽須作成 "⌒" 形(chevron notch)，如圖 15.5 所示，若作成平整形的凹槽，由於疲勞起源點通常由表面發生，將形成彎曲形狀的前緣。

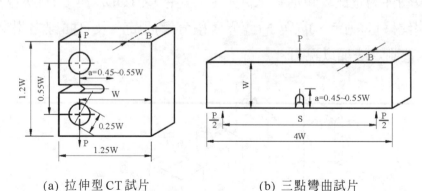

(a) 拉伸型 CT 試片　　　　　(b) 三點彎曲試片

圖 15.4　破裂韌性測試用試片

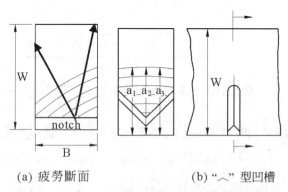

(a) 疲勞斷面　　　　　(b) "⌒" 型凹槽

圖 15.5　不同凹槽型式所得的疲勞裂紋斷面

　　拉伸型破裂韌性試片在測試時須記錄施加力量與裂縫長度的變化曲線，若裂縫長度不好直接測定，可用夾子型位移計(clip gauge)，如圖 15.6 所示，測定裂縫張開位移量(crack opening displacement, 簡稱 COD)。典型的曲線形狀有三類，如圖 15.7 所示，曲線 a 是試片夠厚達平面應變條件的情形，有尖銳明顯的破裂力量；曲線 b 為中等厚度的情形，由於裂縫尖端中央附近區域屬於平面應變狀態，故在較低的外力下，此區域會發生裂縫前進，而後由於剩餘區域屬於平面應力狀態，使得外力必須再增加才能促進裂縫張開，其曲線因而有中途轉折現象，稱為初裂(pop-in)。曲線 C 是試片更薄的情形，沒有明顯初裂現象，曲線在彈性階段後，發生一段塑性變形後才斷裂。

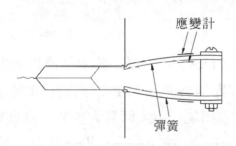

圖 15.6　夾子型位移計

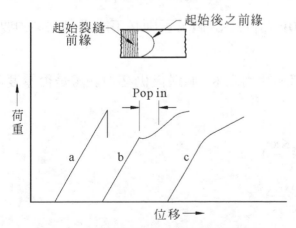

圖 15.7　破裂韌性的三種典型試驗曲線

在測得 P-COD 曲線後，可進一步求取 P_Q 值並代入下列兩式計算 K_Q 值。

(a)　拉伸型韌性試片

$$K_Q = \frac{P_Q}{BW^{1/2}}\left[29.6(\frac{a}{W})^{\frac{1}{2}} - 185.5(\frac{a}{W})^{\frac{3}{2}} + 655.7(\frac{a}{W})^{\frac{5}{2}} - 1017.0(\frac{a}{W})^{\frac{7}{2}} + 638.9(\frac{a}{W})^{\frac{9}{2}}\right]$$

(15.9)

(b)　三點彎曲型韌性試片

$$K_Q = \frac{P_Q S}{BW^{3/2}}\left[2.9(\frac{a}{W})^{\frac{1}{2}} - 4.6(\frac{a}{W})^{\frac{3}{2}} + 21.8(\frac{a}{W})^{\frac{5}{2}} - 37.6(\frac{a}{W})^{\frac{7}{2}} + 38.7(\frac{a}{W})^{\frac{9}{2}}\right]$$

(15.10)

P_Q 的求法可參考圖 15.8，首先以小於 OA 直線斜率 5% 之斜率劃一條斜線，此斜線與曲線之交點稱為 P_5，若 P_5 之前的荷重皆小於 P_5，則 P_5 即可當作 P_Q，若 P_5 之前的荷重出現一極大值且大於 P_5，則此極大值即為 P_Q。除此之外，不論前述的那種情形，都必須要在 $\frac{P_{max}}{P_5} \leq 1.1$ 的條件下，才能將 P_Q 代入(15.9)式或(15.10)式計算 K_Q 值，否則必不能滿足 K_{IC} 的要求條件，不可以作 K_Q 的計算。

由上述的要求所算出之 K_Q 值最後仍必須驗證是否厚度夠厚，裂縫夠深，亦即

$$B \geq 2.5(\frac{K_{IC}}{\sigma_{ys}})^2$$

(15.11)

且　　　　$$a \geq 2.5(\frac{K_{IC}}{\sigma_{ys}})^2$$

(15.12)

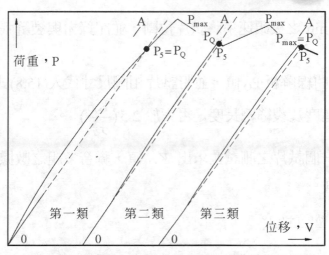

圖 15.8　不同破裂韌性試驗曲線求取 P_Q 的方法

　　若能滿足這兩個條件，K_Q 值才可真正的視為 K_{IC} 值，並稱為 "正確的 K_{IC}" (valid K_{IC})。一個韌性試片若無法獲得正確的 K_{IC} 值，則表示其厚度及裂縫深度不足，需要採用更厚或裂縫更深的試片。

15.4　實驗方法

1. 取鋁合金 2024-T8 或 7075-T6 為材料。

2. 依照 ASTM E399 規範銑床製作拉伸型破裂韌性試片，尺寸可參考圖 15.9。

3. 將記錄器連線到萬能試驗機上，並設定好量測範圍。

4. 將破裂韌性試片以夾頭上之插銷固定，然後利用拉伸一拉伸型態之週期應力產生疲勞預裂縫，使裂縫總長度介於 16.2～19.8mm 之間，所施加之應力強度因子須小於 $0.6K_{IC}$。

5. 以 0.5mm/min 之夾頭速率將試片拉斷,並記錄力與裂縫張開位移量的關係曲線。

6. 由 P-COD 曲線解析 P_Q 值,並將試片相關尺寸代入(15.8)式計算 K_Q 值。

7. 驗證試片寬度及裂縫總長度是否大於 $2.5 \left(\dfrac{K_{IC}}{\sigma_{ys}} \right)^2$。

8. 每一組作一個試片之測試並求出 K_Q 值,聯合多組之數據進而找出該材料的 K_{IC} 值。

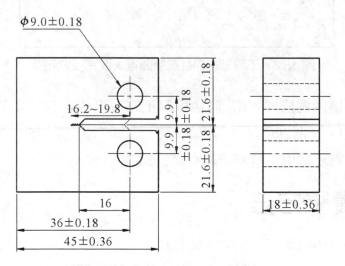

圖 15.9　CT 型破裂韌性試片的規格

15.5　實驗結果與記錄

表 15.1　破裂韌性試驗結果

試片材質	尺寸	預裂長度 (mm)	σ_{ys} (MPa)	K_Q (MPa.m$^{1/2}$)	K_{IC} (MPa.m$^{1/2}$)	$(K_{IC}/\sigma_{ys})^2$ (mm)

15.6 問題討論

1. 實驗中所取之試片厚度是否合理？
2. 產生疲勞預裂的應力強度因子為何不能大於 $0.6K_{IC}$？
3. 觀察破斷面的型態並描述平面應力與平面應變破斷的區域及特徵。
4. 平面應力破裂的範圍大約佔多大比例，對 K_{IC} 值的正確性有多大的影響？
5. 所得 K_{IC} 值你認為合理嗎？

15.7 進一步閱讀的資料

1. ASTM E399 Standard Test Method for Plane-Strain Fracture Toughness of Metallic Materials.
2. ASTM E813 Standard Test Method for J_{IC}, A Measure of Fracture Toughness.
3. ASTM E813-81，Annual Book of ASTM standards.
4. Metals Handbook，1985，9thed，Mechanical Testing，Vol.8，ASM.
5. 林樹均等著 "材料工程實驗與原理"，1996，全華圖書公司。
6. Kare Hellan, " Introduction to Fracture Mechanics ", 1984, McGraw-Hill Book Company.

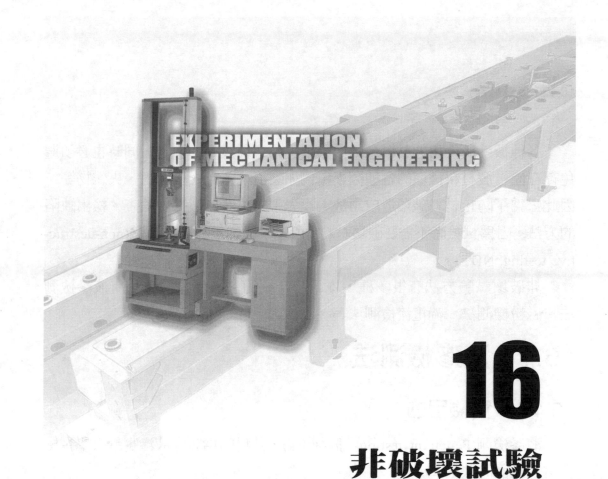

EXPERIMENTATION
OF MECHANICAL ENGINEERING

16

非破壞試驗

　　各種機件所使用的材料，除了必須具備各種良好的性質，同時也必須避免存在能引發材料破壞的各種因素，例如裂痕、氣孔、內應力、夾雜物等。因此，為了防止材料破壞造成事故，事先須對材料或機件做檢查。檢出缺陷的方法，因為試驗時不需要破壞材料，所以一般稱為非破壞試驗(non-destructive testing, NDT)。

　　非破壞試驗方法有很多種，本章將介紹的非破壞試驗方法有液滲檢測法、磁粉檢測法、渦電流檢測法等。

16.1　液滲檢測法

16.1.1　實驗目的

　　液滲檢測(Penetrant testing，簡稱 PT)，其目的為經由液滲實驗來學習檢視材料表面的缺陷。

16.1.2　實驗器材

1.　液滲材料：滲透液、顯像液、乳化劑。
2.　黑光燈。

16.1.3　實驗原理

　　利用濡濕能力甚佳的滲透液體，塗抹於檢測物的表面，滲透液將因毛細作用而滲透進入開放型缺陷中，再將表面的滲透液除去後，原進入缺陷內的滲透液將滲回缺陷口四周，而將輪廓顯現出來。

　　液滲檢測有下列特性：
1.　檢測方法、檢測理論易學、易懂。
2.　形狀因素影響不大；可進行複雜形狀工件之檢測。

3. 適用於任何開放式缺陷的檢測。

4. 重複檢驗時，靈敏度將降低。

5. 不適用於多孔性材料。

6. 檢測環境之通風設備要好。

16.1.4　檢測方法

一、試片的前處理

　　液滲檢測法對檢測面的清潔度有極高的要求，即使是些微的油漬、鏽垢或表面不平整，都將使液滲檢測的靈敏度大打折扣。在檢測進行前，須以機械研磨或超音波洗淨、酸洗、溶劑擦拭等方式，將檢測物的表面作適當的清理。

二、施加滲透液

　　當滲透液施加於表面時，其表面開放式裂縫有如一閉口的毛細管,如圖16.1，滲透液將因毛細作用，進入裂縫中，如圖 16.2。

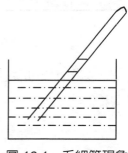

圖 16.1　毛細管現象

圖 16.2　滲透液因毛細作用而滲入
檢測物表面的裂縫中

　　滲透液分為螢光與色比兩大類，依滲透液清除方式不同，各分為下列三種方法：1、水洗法；2、後乳化法；3、溶劑去除法。

不論其類別為何，各種滲透液皆具有高度濡濕效果，即低表面張力及低黏滯性等特性。滲透液之施加方式有：

1. 直接將待測物件浸入滲透液槽；
2. 以毛刷等工具將滲透液塗抹於檢測面；
3. 將儲存於高壓容器的滲透液，噴灑於檢測面。

滲透時間與檢測物的材質，物件的型態及液滲材料的成分有關。表 16.1 為 ASTM 推薦之滲透液、顯像液最短停留時間。

表 16.1 滲透液之最短駐留時間 單位：分

材料	物件型態	瑕疵型式	駐留時間
鋁、鎂、黃銅、青銅、鋼、鈦及高溫合金	鑄件、銲道	氣孔、冷斷、融合不良、裂痕(各種形式)	5
	鍛件、擠型件、板件	疊裂裂痕(各種形式)	10
塑膠	各種型態	裂痕(各種形式)	5
陶器	各種型態	裂痕(各種形式)、氣孔	5

三、去除滲透液

將附著於檢測物表面的滲透液，以適當的方式清除。裂縫內的滲透液將滲回表面，如圖 16.3。但因回滲量有限，可視度並不明細。

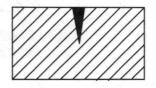

圖 16.3 表面之滲透液除去後，裂縫內的滲透液將滲回表面

四、施加顯像液

顯像液可使裂縫內的滲透液被吸附回表面並擴展開來,且提供一良好的檢視背景,以利缺陷的辨識,如圖 16.4。

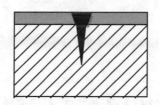

圖 16.4 裂縫內的滲透液被吸附回表面

五、檢視

待顯像劑乾燥後,將於檢測面形成一薄膜,膜內的細孔又因毛細作用將滲透液吸回表面,而依所使用的滲透液種類,有不同的觀察方式:

1. 色比類滲透劑:在充足的光線下,可直接看出裂縫的特徵與位置。
2. 螢光類滲透劑:須輔以黑光燈裝置,黑光燈為波長 3200～4000Å 之紫外光。螢光類滲透液受此波長的光線照射後,將產生黃綠色可見光,而清楚地顯示缺陷的位置與特徵。

16.2 磁粉檢測法

16.2.1 實驗目的

磁粉檢測法(Magnetic testing,簡稱 MT)為非破壞檢驗的一種,其目的為在不破壞檢測物的情況下檢測鐵磁性材料表面及次表面內的缺陷。

16.2.2 實驗設備

1. 磁性介質：乾性、濕性、螢光磁粒。

2. 磁化儀器：電磁軛。

3. 黑光燈。

16.2.3 實驗原理

磁粉檢測法是將鐵磁性材料磁化並噴上含磁粉的液體，以偵測出在材料表面或次表面是否有缺陷。

一、磁場

1. 磁棒的磁場

   磁鐵有 N 及 S 兩極，兩極間互有作用力存在，稱為磁力。

   磁力屬超距力，可以用場的觀念來描述，這種磁力所及的任何空間稱為磁場。

   磁場的強弱及方向可以用磁力假想線即磁力線來描述，如圖 16.5。

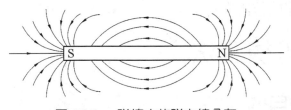

圖 16.5　磁棒中的磁力線分布

2. 電流的磁效應

   磁現象的產生源於電荷的運動，所以各型式的載電流導線的周圍皆布滿磁場。以下將就直線型導線以及線圈型導線之磁場分布情況提出說明。

(1) 載電流直線導體的磁場：載電流直導線的磁力線是以導線為中心的同心圓，即周向磁場，方向可由右手握拳來判斷，如圖 16.6(a)。

(2) 載電流線圈的磁場：載電流線圈的磁場與磁棒的磁場類似，如圖 16.6(b)，線圈內的磁力線是均勻的平行直線，即縱向磁場。

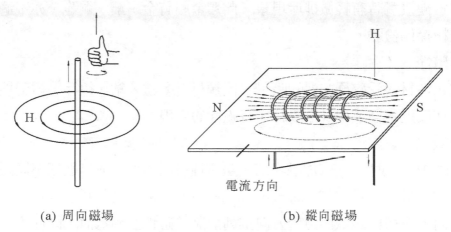

(a) 周向磁場　　　　　　　　(b) 縱向磁場

圖 16.6　電流的磁效應

二、物質的磁性

上節曾提及磁現象的產生源於電荷的運動。構成物質的基本單位是原子，而原子內的電子無時無刻都在運動著，無論是繞軌道運轉或是自轉，皆是另一型式的電流迴路，而所產生的磁矩，即為物質最基本的磁性來源。大多數的物質，其電子於各量子化副層的能階上皆成對存在，使磁矩相互抵消而不具磁性。因此，物質的磁性跟組成物質的原子淨磁矩有關。

三、磁性材料

就材料對外加磁場所產生的磁反應，大致可將之分為以下三類：

1. 順磁性

   有鎂、鋁、鉬、鋰、鉭等，此類材料之磁效應約只有鐵磁性材料之數千至數萬分之一，不適用於磁粉探傷檢驗。

2. 反磁性

   與磁極接觸時有輕微排斥現象，此類金屬有金、銀、銅等，亦不適用於磁粉探傷檢驗。

3. 鐵磁性

   鐵磁性材料受磁極強烈的吸引，此類材料有鐵、鈷、鎳等。鐵磁性材料僅在接近磁極或置身磁場時才有磁性的表現。

4. 磁域

   如圖 16.7(a)所示，未加磁場前，鐵磁性材料內部分成無數個不同磁性方向的區域，稱為磁域(mcgnctic domain)，在磁域內各原子有相同的磁矩方向，磁域與磁域間由於方向排列散亂，磁性互相抵消，因此不會有磁特性的表現。

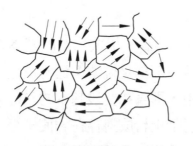　　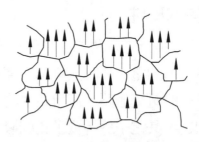

(a) 磁化前(H=0)　　　　　　　　(b) 磁化後(H≠0)

圖 16.7

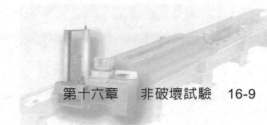

5. 磁化

　若將鐵磁性材料置於磁場中，隨磁場度的增加，它的磁域將漸趨於與磁場方向一致，此過程稱為磁化，圖 16.7(b)。

　在磁化的過程中，材料內部磁力線的數目會隨著磁場強度(H)的增加而增加，而磁化的程度可以由磁通密度來判斷。

6. 磁漏

　檢驗過程中，在被檢物上施加固定的磁場，在材料的內部將產生相同的磁通量，如圖 16.8(a)。當被檢物內部(次表面)或表面有缺陷存在時，磁力線將因磁路受阻而扭曲、變形，且材料在該處的截面積將短少，磁通密度增大。當此磁通密度大至超過材料的飽和磁通量時，多餘的磁力線將不再侷限於材料內部而走出材料表面形成磁漏現象，如圖 16.8(b)。

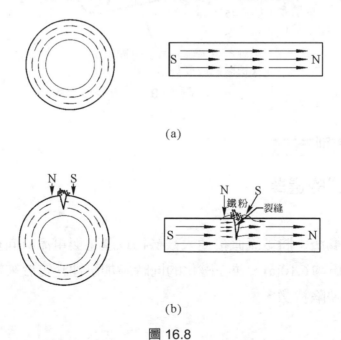

(a)

(b)

圖 16.8

7. 磁化方向

被檢物有瑕疵存在時，在該處將形成磁漏，吸引噴覆在附近的磁粉而顯示瑕疵。磁化方向對檢驗結果有決定性的影響，當磁化方向與瑕疵生成方向平行時，材料磁力線將不會有任何扭曲，缺陷將不易被偵測出；而與磁力線相垂直的瑕疵能產生最大的磁漏，最易於被偵測出，如圖 16.9。在檢驗前，瑕疵的方向無從判斷，因此任何待檢測物最少須經兩次以上互相垂直的磁化過程，以免遺漏任何方向的缺陷。

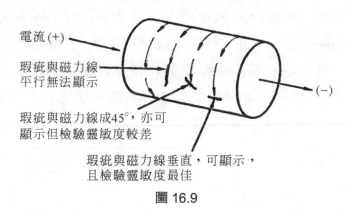

電流(+)

瑕疵與磁力線
平行無法顯示

瑕疵與磁力線成45°，亦可
顯示但檢驗靈敏度較差

瑕疵與磁力線垂直，可顯示，
且檢驗靈敏度最佳

(−)

圖 16.9

16.2.4 檢測方法

一、磁化方式的選擇

1. 周向磁化

(1) 直接接觸法：將電流直接通入被檢物以產生與電流方向垂直之周向磁場，如圖 16.10(a)，並在磁化的同時施加磁性介質於被檢物表面，即可顯現缺陷特徵。

(2) 中心導體法：如圖 16.10(b)，用中心導體磁化被檢測物以檢查圓筒形
　　或環形物件之內外表面，並在磁化的同時施加磁性介質於被檢物表
　　面，即可顯現缺陷特徵。以此法測試大型零件時，中心導體必須置於
　　近內表面處，且分區檢驗。

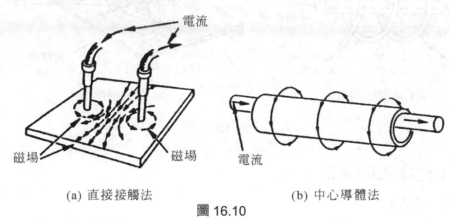

(a) 直接接觸法　　　　　　　(b) 中心導體法

圖 16.10

2. 縱向磁化

(1) 線圈中縱向磁化：如圖 16.11(a)，利用固定線圈或電纜圍繞被檢物以
　　產生與線圈主軸平行之縱向磁場磁化被檢物，並在磁化的同時施加磁
　　性介質於被檢物表面，即可顯現缺陷特徵。

(2) 磁軛磁化法：如圖 16.11(b)，利用交流電磁軛所產生之縱向磁場磁化
　　被檢物，並在磁化的同時施加磁性介質於被檢物表面，即可顯現缺陷
　　特徵。

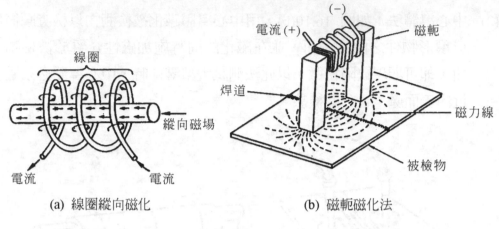

(a) 線圈縱向磁化　　　　　　　(b) 磁軛磁化法

圖 16.11

二、磁化電流的決定

1. 周向磁化

   (1) 被檢物之外徑在 125mm 以內，則每 25mm 外徑須使用 700 至 900 安培。

   (2) 被檢物之外徑超過 125mm 至 250mm 時，則每 25mm 外徑須使用 500 至 700 安培。

   (3) 被檢物之外徑超過 250mm 至 375mm 時，則每 25mm 外徑須使用 300 至 500 安培。

   (4) 被檢物之外徑超過 375mm 時，則每 25mm 外徑須使用 100 至 330 安培。

   (5) 若被檢物外形非圓柱狀時，則應以與通過電流方向垂直之最大橫截面的最大對角線長度為尺寸，依上述計算決定電流量。

2. 載電流線圈縱向磁化

$$NI(安匝) = 45000/(L/D)$$

　　　N：線圈匝數
　　　I：電流
　　　L：被檢物總長
　　　D：被檢物直徑

三、磁性介質的選擇

磁性介質的選擇以能和被檢物表面產生明顯對比為準則。

1. 乾式磁粉：檢測物的表面溫度超過 315℃時不可使用。

2. 濕式磁粉：將磁性介質懸浮於適當的潤濕液、分散液等液體內，調配成適當濃度的磁浴，噴灑於被檢物的表面，具高流動性優點但表面超過 57℃時不適用。

3. 螢光磁粉：磁性介質中加入螢光劑可增加可視度，必須以黑光燈檢視。

16.3　渦電流檢測法

16.3.1　實驗目的

渦電流檢測(Eddy current testing，簡稱 ET)為非破壞檢驗的一種，其目的為檢測金屬材料，包括管、棒、薄板、塗層(coating)等之表面或次表面的缺陷。

16.3.2　實驗設備

1. 渦電流探傷儀。
2. 標準規塊。

16.3.4　實驗原理

　　渦電流探傷是將載有交流電之線圈接近受檢之金屬材，使得金屬材料受交變磁場作用感應生成渦電流，然而渦電流亦會再感應產生磁場且會隨著受檢材料之特性(如：導電性、導磁性、瑕疵等)而有差異，所以經由儀器檢測渦電流磁場與線圈磁場之作用而表現出之線圈阻抗變化訊號。

一、渦電流之形成

　　如圖 16.12 所示，線圈置於導體外側，若將線圈通以交流電流，則將生成交變磁場(一次磁場)。依據冷次定律，導體受到變化磁場的影響，內部的自由電子即感應生環流運動，以便產生相反的磁場(二次磁場)來抵抗線圈的磁場。此一環流運動的自由電子流即為渦電流。

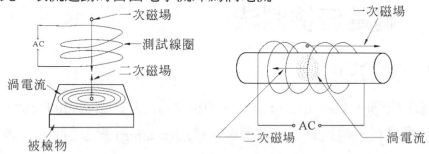

圖 16.12　渦電流的形成

渦電流的流動路徑爲封閉曲線，流動方向與線圈纏繞方向互相平行，並與交變磁場的方向垂直，同時隨著線圈之交流電流方向的改變而改變，所以渦電流的頻率與交流電的頻率也相同。

二、渦電流之特性及其影響因素

感應生成之渦電流會集中在導體的表面附近，此一現象稱爲集膚效應(skin effect)，且渦電流的密度會隨著距離導體表面深度之增加而快速的遞減；如圖 16.13 所示。因此，渦電流檢測法較適合用於薄件或物件之表面或次表面的檢測。

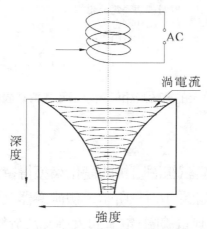

圖 16.13　渦電流的密度隨著距離導體表面深度的變化

影響渦電流的因素很多，除了測試線圈之交流電頻率、離距(lift-off 線圈與物件之距離)、環境、溫度、電磁干擾等外在因素之外，物件本身的性質包括導電率、導磁性、外形、厚度、瑕疵等也都是影響的因素。所以渦電流除了可找出物件瑕疵，作爲探傷的用除外，亦可作爲檢測物性及量測尺寸之用。

除渦電流密度隨著深度增加而快速遞減外，其振幅(Amplitude)亦隨深度增加而減小，同時相位角(Phase angle)亦隨著深度增加而滯後(Lag)；如圖 16.14

所示，此滯後之變化爲檢測之主要參數，不僅可決定缺陷之深度及範圍，亦可用來區別缺陷訊號及錯誤指示。

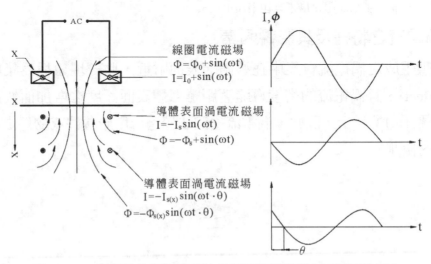

線圈電流磁場
$\Phi = \Phi_0 + \sin(\omega t)$
$I = I_0 + \sin(\omega t)$

導體表面渦電流磁場
$I = -I_s \sin(\omega t)$
$\Phi = -\Phi_s + \sin(\omega t)$

導體表面渦電流磁場
$I = -I_{s(x)} \sin(\omega t \cdot \theta)$
$\Phi = -\Phi_{s(x)} \sin(\omega t \cdot \theta)$

圖 16.14　渦電流的震幅及相位角隨著距離導體表面深度的變化

三、線圈阻抗

渦電流檢測係運用測試線圈阻抗的變化來獲得待測物件的物性、尺寸大小及瑕疵等有關資料。如圖 16.15 所示，檢測儀器之交流產生器供給交變電壓 V，使交變電流 I 通過測試線圈，電流的大小又決於線圈阻抗 $Z(Z = R + Xj)$，即 $I = V/Z$，若阻抗改變其電流亦隨之變化。

引起阻抗變化的原因，係由導體(待測件)表面部份所感應之渦電流，隨著物性，尺寸大小、瑕疵，以及離距之變動而變動，其所產生之二次磁場亦會跟隨著變動而影響了線圈之一次磁場，進而影響阻抗所致。

四、渦電流之檢測

渦電流檢測設備最基本設備包括有振盪器、線圈探頭及電壓計等；如圖 16.15 所示。振盪器可以產生不同頻率之交流電流，探頭內纏繞著線圈可以產生交變磁場，而電壓計用來量度線圈兩端電壓之變化，可以包括其振幅或相位的變化。線圈在執行探傷時，待測件瑕疵所產生之微弱訊號，通常予以放大並轉換成直流電訊號，但仍保留交流電訊號之振幅、相位的特性。有些儀器將訊號之振幅及相位顯示在 X-Y 監視器上，有些則僅將訊號之振幅顯示在刻度計上。

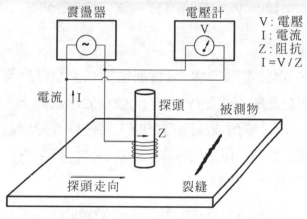

圖 16.15　渦電流基本檢測系統

五、訊號分析

渦電流檢測所得到的訊號，除了可以利用電腦來分析處理外，一般呈現在刻度計或監視器上者，皆須運用標準校準試片之訊號來比較、分析、判讀，以決定出訊號的意義。

訊號的分析可爲阻抗振幅變化分析法，阻抗相位變化分析以及調制信號分析三種：

1. 阻抗振幅變化分析

    如圖 16.16 所示，當被檢測物因尺寸、導電率、導磁率變化或有缺陷存在時，將引起檢測線圈阻抗變化，而改變交變電壓，以指示儀表可顯示出來。

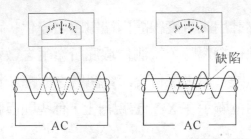

圖 16.16 缺陷的存在引起線圈阻抗的改變

2. 相位變化分析

將電壓訊號相當於電阻部 R 之實部電壓 V_R 及電感部 X_L 之虛部電壓 V_{XL}，以一向量點的方式即$(V_R，V_{XL})$顯示於示波器上。當待測件有導電率、導磁率、尺寸變化或缺陷存在時，將使檢測線圈阻抗接改變，向量點亦會隨著移動。圖 16.17 所示，爲某一特定頻率下鋁板渦電流檢測阻抗變化之向量點變化軌跡。

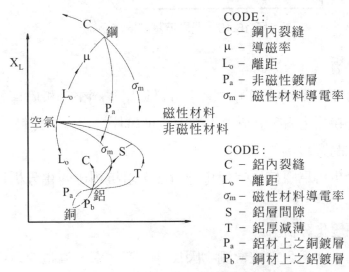

CODE：
C – 鋼內裂縫
μ – 導磁率
L_o – 離距
P_a – 非磁性鍍層
σ_m – 磁性材料導電率

CODE：
C – 鋁內裂縫
L_o – 離距
σ_m – 磁性材料導電率
S – 鋁層間隙
T – 鋁厚減薄
P_a – 鋁材上之銅鍍層
P_b – 銅材上之鋁鍍層

圖 16.17 各種變數之向量點變化軌跡

3.　調制信號分析

渦電流發出頻率與無線電的載波信號功能類似；如圖 16.18(a)所示。當阻抗改變時引起載波信號振幅變化；如圖 16.18(b)。分別連接載波信號的波峰及波谷，除載波信號後所見即為調制信號。渦電流動態檢測時，利用電子信號送波的技術，可以使調制信號中不同頻率反應的信號加以過濾處理分別開來，此稱為調制信號分析法，如圖 16-19 所示。

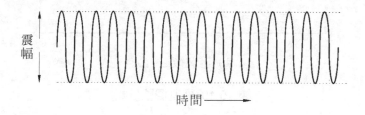

(a) 載波信號

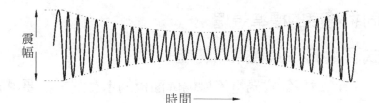

(b) 阻抗改變時引起載波信號震幅變化

圖 16.18　調制信號之產生

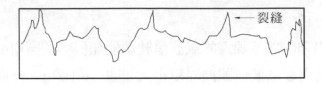

(a) 未濾波前之信號

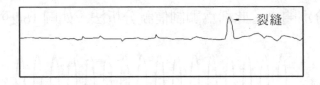

(b) 濾波後之信號

圖 16.19 調制信號分析

16.3.4 檢測方法

一、取不同裂縫度的標準規塊

二、指針式渦電流探傷儀操作功能

圖 16.20 所示為指針式渦電流探傷儀面板的示意圖,主要用於導電率量測或裂縫測深等單一功能。面板上各項功能如下:

1. Power (電源開關)。

2. Message Display(資訊顯示):離距補償、零點補償、材質狀況、零敏度及待機等各種狀態的顯示。

3. L(離距補償):探頭離開試片,然後按此鈕而達離距補償功能。

4. Z(平衡鈕):將探頭置於試片,然後接此鈕達到歸零功能。

5. M(材質選擇鈕)：包含非鐵材料(Nonferrors)、鐵磁性材料(Ferrors，such as maternsitic steel)，沃斯田材料(Austenitic steel)等材質的選擇。

6. G(感度調整鈕)：dB 數增加或減少。

7. F(頻率調整鈕)：檢測頻率增加減少。

8. GATE：警示低限設定鈕。

9. LED ALARM：缺陷指示超過 GATE 值時，LED 燈即亮。

10. AUDIO(警示聲開關)：當缺陷指示超過 GATE 設定值時，即有警示聲。

11. INDICATOR / METER(指示錶)。

12. OUT PUT(訊號輸出插座)。

13. PROBE(線圈插座)。

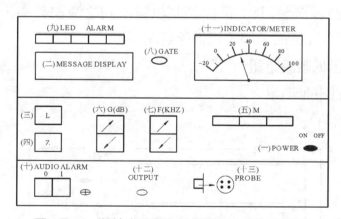

圖 16.20　指針式渦電流探傷儀操作面板示意圖

三、向量點式渦電流探傷儀操作功能

圖 16.21 是向量點式渦電流探傷儀面板的示意圖，用於向量點顯示可以得到較多阻抗改變的資料，所以此種款式渦電流探傷儀目前較常見。面板上各項功能如下：

1. POWER(電源開關)
2. BALANCE(平衡鈕)：調整向量點到顯示幕中央，使向量點歸零。
3. FREQUENCE(頻率調整鈕)：檢測頻率調整。要使兩種不同材料特性改變之向量點移動方向垂直，也是利用此鈕。
4. PHASE(相位調整鈕)：調整顯示幕上向量點移慟方向的相位角，以便辨認不同的訊號。
5. GAIN(感度調整鈕)：檢測靈敏度調整。
6. DISPLAY RATIO(向量點顯示 X，Y 比例調整)。
7. DISPLAY MODE(顯示模式選擇)：選擇顯示幕方式，可以用 X-Y 或動態檢測 X-t、Y-t 顯示。
8. FILITER(濾波調整鈕)：選擇調制訊號不同之濾波頻率，如高通(High pass)，低通(Low pass)等，以消除雜訊。
9. GATE(警示低限設定鈕)。
10. PROBE(線圈插座)。
11. CRT(顯示幕)。

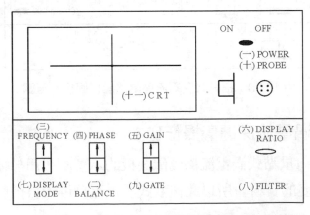

圖 16.21 向量式渦電流探傷儀操作面板示意圖

四、檢測程序

1.　指針式渦電流探傷儀之檢測操作程序大致如下：

(1)　依照待測物件材質，選擇適當之探頭及標準規塊。

(2)　在儀器上之『材質選擇鈕』上選擇材質。

(3)　選擇適當的檢測頻率。

(4)　將探頭離開工件，按『離距 LIFT OFF 鈕』，進行離距補償。

(5)　將探頭置於標準規塊無缺陷處，按『歸零 ZERO 鈕』使指針歸零。

(6)　將探頭置於標準規塊上不同參考位置，如不同的缺陷大小及深度，不同膜厚等，並作出對照曲線，作為檢測時比對之用。

(7)　調整警示低限設定鈕(Alarm Gate)。

(8)　開始檢測待測物件，並加以記錄。

2.　向量點式渦電流探傷儀檢測之操作程序人致如下：

(1)　依照待測物件材質，選擇適當之探頭及標準規塊。

(2)　在儀器上之『材質選擇鈕』上選擇材質。

(3)　選擇適當的檢測頻率。

(4)　將探頭置於標準規塊無缺陷處，按『平衡 BALANCE 鈕』使向量點歸零。

(5)　將向量點移至中央或適當位置。

(6)　將探頭置於標準規塊上不同缺陷或不同性質之參考位置，利用『相位 PHASE 調整鈕』，使訊號調整至適當位置，並調整『增益 GAIN 鈕』使振大小適中。

(7)　作出對照曲線，作為檢測時比對用。

(8)　調整警示低限設定鈕(Alarm Gate)。

(9)　檢測待測物件，並加以記錄。

16.4　問題討論

1. 液滲檢測法有何特點，其檢驗步驟為何？就您測得之缺陷大小、形狀及造成缺陷之可能原因，提出討論。

2. 磁粉檢測法之原理為何？請簡述之。就您所測得之缺陷大小、形狀及造成缺陷之可能原因，提出討論。

3. 渦電流探傷之原理為何？請簡述之。就您所測得之缺陷大小、形狀及造成缺陷之可能原因，提出討論。

16.5　進一步閱讀的資料

1. CNS Z8048　液滲檢測法通則。

2. CNS 11048　磁粒檢測法通則。

3. CNS 11050 Z8501　渦電流檢測法通則。

4. CNS 11400 Z8062　金屬棒桿及渦電流檢測法。

5. CNS 11823 Z8068　非破壞檢測詞彙(渦電流檢測名詞)。

6. CNS 12620 Z8077　鋼管渦電流檢測法。

7. CNS 13405 Z8129　渦電流檢測系統綜合性能評鑑法。

8. CNS 13406 Z8130　鋼鐵產品之渦電流外繞線圈檢測法。

9. ASTM Volume 03.03：Nondestructive Testing.

10. ASM Handbook Volume 17：Nondestructive Evaluation and Quality Control.

11. 錢宗廣，"液滲檢測法" 初級，中華民國非破壞檢測學會，1986。

12. 李定一，"液滲檢測法" 中級，中華民國非破壞檢測學會，1982。

13. 陳長春，"磁粒檢測法" 初級，中華民國非破壞檢測學會，1986。

14. 陳國英，"磁粒檢測法" 中級，中華民國非破壞檢測學會，1982。

13. 黃純夫;『渦電流檢測法』;中華民國非破壞檢測協會訓練教材—005—1A(79年)

14. 余坤城、林文宏、董寶鴻；『渦電流檢測法』；中華民國非破壞檢測協會訓練教材—005—1B(82年)

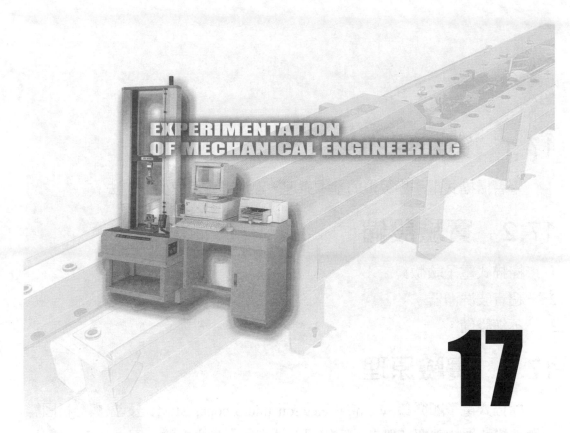

EXPERIMENTATION
OF MECHANICAL ENGINEERING

17

掃瞄式電子顯微鏡試驗

17.1　實驗目的

學習掃描式電子顯微鏡的基本原理，熟悉其應用與操作方法。

17.2　實驗設備

1. 掃描式電子驗微鏡。
2. 超音波洗淨器。
3. 蒸鍍設備。

17.3　實驗原理

掃描式電子顯微鏡(scanning electron microscope, SEM)是觀察與分析固態顯微結構特性的重要儀器之一，如圖 17.1 所示。最主要的原因是 SEM 具有相當高解析力，一般商用型可達 100Å，高級研究型更達 25Å。另外 SEM 之焦距長度很大，比光學顯微鏡大得多，可得立體效果。當然 SEM 也可用在低倍率，如 25 倍。SEM 有很多訊號種類，可用來成像或分析成分，除一般表面結構之觀察外，尚可作化學成分定性或定量分析、晶相及電磁特性之分析。

一、系統構造

掃描式電子顯微鏡之基本構造，如圖 17.1 所示有電子槍、電磁透鏡、試片室、掃描系統、偵測放大系統、顯像系統、真空系統。當然還要有高壓電力、冷卻水、電子源可用熱電子(鎢絲及 LaB_6)或場放射電子。SEM 所加之高電壓，通常不超過 50kV，用場放射電子源則真空度需達 10^{-10} torr，若要不污染試片及真空室或怕真空系統之機械振動影響高性能，則可用離子吸收泵浦，或用液態氮冷卻通入真空管道的低溫捕捉器(cold trapped)，使擴散泵浦之油分子不會進入真空室，且將泵浦減震並遠離真空室。

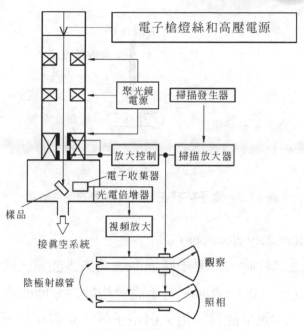

圖 17.1　掃描式電子顯微鏡的構造簡圖

二、電子束打在試片表面所產生的各種能量

　　掃描系統是一對類似電視掃描器作用的偏向線圈，可使電子束掃描欲觀察之試片表面。電子束打在試片表面，產生多種能量，藉偵測器將能量收集後，經由電子線路放大，輸入顯像系統而顯出其明暗對比。電子束打在試片時所發出的多種能量，如圖 17.2 所示，可用來分析材料的各種相關特性。

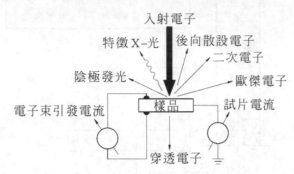

圖 17.2　電子束打在試片所發出的各種能量

1.　二次電子(Secondary electrons)

當電子束打進試片時，與原子碰撞而逐漸失去能量，同時也會打出原子外層軌道的電子。射出表面之電子能量和數目分佈如圖 17.3 所示，可分為三個區域，A 區為能量接近入射電子者，是與試片原子大角度彈性碰撞一或二次的電子，其能量失去很少，常稱後向散射電子。B 區為中間能量區，是後向電子在跑出表面之前，經數次非彈性碰撞造成的電子，能量雖低但其電子數目較 A 區多。C 區為電子能量在 0～50eV 範圍者，是真正二次電子，其數目最多， 很多材料之二次電子數會比原來入射之電子數多。

圖 17.3 這種曲線，不同材料其曲線形狀卻改變很少，即所有原子激發之電子能譜通常是相同的。二次電子最可能的能量範圍在 2～3eV，由於二次電子之能量甚低，在試片內部只能走極短距離即被吸收掉。因此祇有在試片表面下數 Å(金屬)到數百 Å(絕緣體)的二次電子能跑出表面。電子束打在試片上，二次電子所反應的區域祇比電子束徑大一、二十 Å。也因為如此，在所有 SEM 影像中，二次電子的解析力是最好的，達到 100Å 以下是很平常的。

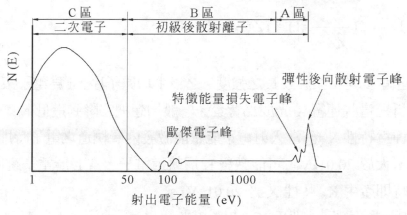

圖 17.3　由試片上所放射出之二次電子的能量分佈圖

2. 後向放射電子(Backscattered electrons)

   如圖 17.3 所示，有些電子與原子碰撞後，會向後方反射出表面，此即後向散射電子，此類電子具近於原來電子之能量。其所成之像類似二次電子像，但亦有相當不同的地方，如後向電子可從試片較深處射出($0 \sim 3500$Å)，即後向電子訊號所表示的面積較大，也使其解析力降低下來，最多只能達 2000Å。

3. X 光

   電子撞擊在原子上，可產生連續及特性 X 光，其中連續 X 光是電子與原子核發生非彈性碰撞，而逐漸損失能量，以電磁波放出。

   因每次碰撞損失之能量(E)不一定，由波長 λ (Å) = 12.398/E(KeV)，可知各種波長都可能發生，但必需比 λ_{SWL} = 12.398/E_0 大，其中 E_0 為入射電子之能量。在 1.5λ_{SWL} 處，連續 X 光達最大強度。這種連續 X 光的強度是原子序及入射電子能量的函數。強度隨能量及原子序之增加而增加，可以下式表示：

$$I_\lambda \sim i\bar{Z}(\frac{\lambda}{\lambda_{SWL}}-1) = i\bar{Z}(E_0 - E)/E \tag{17.1}$$

I_λ爲連續 X 光中某一波長之強度，$\bar{Z}$爲平均原子序，i 爲電子束電流。

在分析上這些連續 X 光成爲背景，一般均想把它降到最低。

第二種爲特性 X 光，當入射電子能量能激發內層軌道之電子時即可產生。

如鉬，大於 20.01kV，可能激發 K 層軌道電子，當 L 層電子跳回空出的

K 層時即產生 K_α 特性 X 光(20.01kV)。

若 M 層電子跳回，則爲 K_β 特性 X 光。

特性波長可依 Moseley 公式來計算：

$$\lambda = K/(Z-\sigma)^2 \tag{17.2}$$

其中 K，σ對同一系列 X 光(即 K_α、L_α、M_α....)爲一常數。由上式即可

知特性 X 光波長與原子序有關，故可用來分析成分。由於電子打在試片

上，其產生 X 光來源的體積相當大(寬 0.5μm 到數微米，這隨試片密度

及原子序而變)。

產生 X 光之效率不高，其影像又難以解釋，所以直接利用 X 光成像的情

形很少，而常利用 X 光來分析化學成分。

4. 歐傑電子(Auger electrons)

歐傑電子亦可算二次電子之一種，它是由在表面或近於表面之原子，受

到 X 光(由原來電子激發之 X 光)之光電效應，把外層之電子打出表面，

而 X 光沒有發射出去，這種打出來的電子即爲歐傑電子。也就是說入射

電子後，可能發 X 光或歐傑電子。這兩種都是原子之特性，亦即有特性

線產生。電子軌道(K，L，M)被打出後，以歐傑電子放出(即不以 X 光型

式放出)的比率(稱歐傑量)隨原子序而變，其中 K 系列歐傑電子在低原子

序時非常大，因此特別適用在低原子序的成分分析。

5. 試片電流(Specimen current)

測量停留在試片上的入射電子流，可得到互補於後向散射電子的訊號。由於一般後向電子偵測器，收集的立體角(solid angle)不大，常受限於陰影效應，所以試片電流常用在分辨表面凹凸效應當中屬於成分效應或方向效應的部份；其解析力，和後向電子類似，通常只有 5000～10000Å。其用法亦類似後向電子。

6. 穿透電子

若試片相當薄，則入射電子束可能有一部分能穿過，而用另一種閃爍光增大管(scintillator-photomultiplier tube)偵測器來偵測。此即掃描穿透式電子顯微鏡，STEM。所得之影像如同一般之 TEM 所看到的，但一般 SEM 之電子束徑很少低於 100Å，又沒有試片後之放大透鏡，所以其解析力比一般 TEM 小得多。因此，SEM 只要加速電子電壓增大，如 3MeV，可以穿透較厚試片，而不怕像 TEM 會有試片後透鏡造成的色像差。雖然如此，其 SEM 之穿透電子像仍可看出一般 SEM 所具有的性能。

7. 電子束引發導電性(electron beam induced conductivity, EBIC)

當高能量電子束打在半導體材料上，電子減速並產生自由電子及電洞，而有電流越過內質接合，此現象可用來定出接合位置(當然要在二極體上加上一逆向電壓)。當電子－電洞在遠離 p-n 接合處，則電子－電洞很容易再結合；若是在接合附近，則電子電洞受電壓而分離，產生電流造成影像上有亮點產生，所以接合處在此種影像裏會變成亮線。此技術也可看入射電子在多深被碰撞，利用加速電壓來控制電子束撞擊深度，則可以定出接合的深度。差排也會加速電子電洞的再結合，所以差排在此種影像亦會顯現出來。

8.　陰極發光(Cathode luminescence, CL)

有些材料會被電子激發出可見光或近於可見光，如一些礦物，有機化合物及工業用重要化學藥品。這些光很容易被光增大管接收，但波長卻難以知道。若用分散法測量波長，又會因為 SEM 的一般電子束電流太小，所發之光太弱而不容易偵測；若用濾光片則又降低太多強度，所以要對陰極光定量分析較困難。

17.4　SEM 常用操作型式及觀察的實例圖片

SEM 的成像過程為電子槍射出之電子束經透鏡聚焦成密集電子束後，打在試片會發出各種能量。利用偵測器將某一種能量偵測收集，經放大後輸入陰極射線管成像，或先經計算機計算後再輸入顯像系統。隨著能量不同而有各種不同的操作型式(operating mode)，表 17.1 列出 SEM 幾種常用的操作型式。

表 17.1　SEM 常用的操作型式

操作型式	收集之能量種類	對比來源	空間鑑別率
反射式	背向散射電子	成分晶相	1000Å
發射式	二次電子	表面凹凸 電壓 電磁場	100Å 1000Å 1μm
發光式	光子	成分	1000Å
導電式	引發電流	EBIC	1000Å
吸收式	試片電流	表面凹凸	1μm
X 光式	X 光子	成分	1μm
歐傑式	歐傑電子	成分	1μm
穿透式	穿透電子	晶相，成分	10-100Å

　　若要看表面凹凸，則用二次電子能量的發射式最適合；若要研究化學成分，則可用反射式，若是材料是發光性質，則可用發光式，但是若要求定量分析，則以 X 光式操作，而對表面原子之成分，則以歐傑式，最適合。但不管那一種成分分析，都會受到表面凹凸的影響。至於試片，若是不導電會有充電放電現象。只要鍍上一薄層 Au-Pd，即可拿到 SEM 觀察，而一般能導電的試片，只要試片座能放得下，即可直接作 SEM 觀察。圖 17.4 為 SEM 觀察的實例照片。

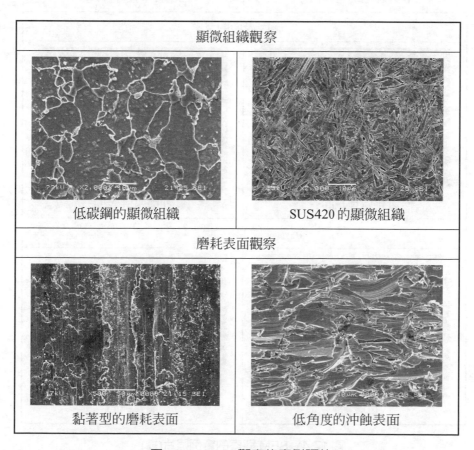

圖 17.4　SEM 觀察的實例照片

破斷面觀察

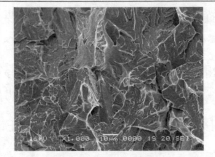

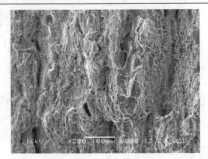

準劈裂型的脆性破壞

凹窩狀的延性破壞

腐蝕表面觀察

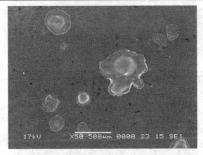

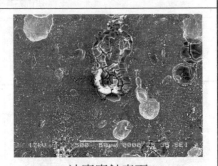

經氮化處理鋼的孔蝕

沖磨腐蝕表面

沉積薄膜的截面觀察

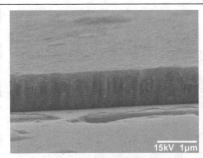

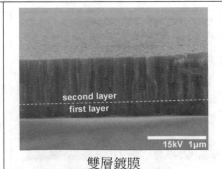

單層鍍膜

雙層鍍膜

圖 17.4　SEM 觀察的實例照片(續)

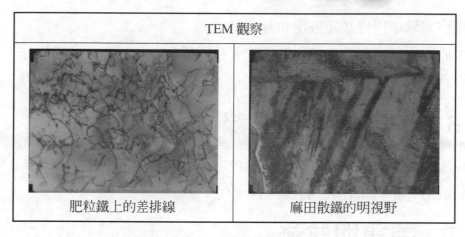

圖 17.4　SEM 觀察的實例照片(續)

17.5　實驗方法

1. 取金屬破斷面或經深腐蝕金相試片(高度不要超過 10mm)。
2. 用超音波洗淨後，完全烘乾。
3. 置於承載片上，如為非導電材料要先鍍上一層金膜。
4. 在試片與載片間點上銀膠以增加導電效果。
5. 待銀膠乾燥後送入 SEM 內。
6. 按各廠牌 SEM 的操作規範依序操作，一般而言依序為。

   (1) 抽真空。
   (2) 調燈絲電流，電壓。
   (3) 調整試片到欲觀察位置。
   (4) 以低倍率作初步對焦。
   (5) 調整倍率到期望大小。
   (6) 作影像亮度與黑白對比調整。
   (7) 拍照或依 EDX、EPMA 操作手冊規定作成份分析。

7. 觀察完畢依操作規定取出試片。

8. 由於機器精密度高，使用時一定要依照操作手冊規定，依序操作，不可隨意更改。

17.6　實驗結果與記錄

1. 將所拍得照片標明倍率，說明其內容，並檢討自己的操作條件。

2. 將成份分析結果作表列式說明。

17.7　問題與討論

1　SEM 最常用之能量有那些？

2. 電子束打在試片上，可發生之能量有那些？

17.8　進一步閱讀的資料

1. 林樹均等著 "材料工程實驗與原理"，1996，全華圖書公司。

2. 楊永盛，楊慶宗著 "電子顯微鏡"，1984，文京圖書公司。

3. 陳力俊等著 "材料電子顯微鏡學"，1997，國科會經精密儀器發展中心。

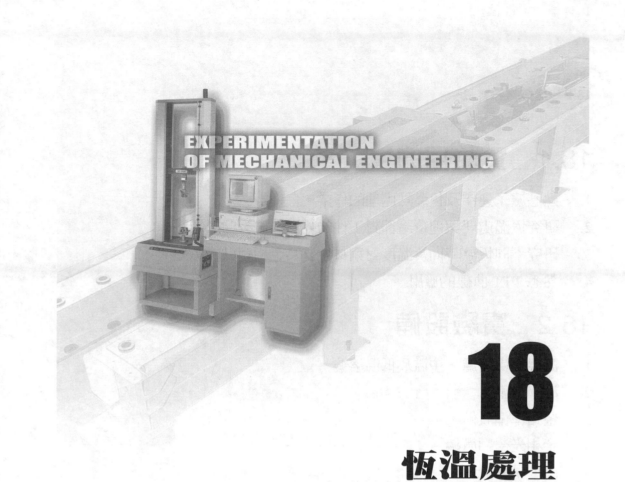

EXPERIMENTATION
OF MECHANICAL ENGINEERING

18

恆溫處理

18.1　實驗目的

1. 熟悉爐子運作及恆溫熱處理的作業。
2. 研究恆溫處理與連續冷卻對工件的變形與破裂的影響。
3. 研究不同恆溫時間及溫度對鋼材性質及金相組織的影響。
4. 熟悉 TTT 曲線的應用。

18.2　實驗設備

1. 高溫熱處理爐、中溫及低溫溶爐。
2. 淬火設備。
3. 金相準備設備。
4. 金相光學顯微鏡。
5. 硬度試驗機。

18.3　實驗原理

一、恆溫熱處理的優點

　　鋼材以普通方法淬火時，因其表面與中心部分的冷卻速率與產生麻田散鐵的速率皆不同，常會產生大量的殘留應力，使工件產生變形，甚至裂開。假如把沃斯田鐵化狀態的鋼很快淬冷到 S 曲線的鼻端以下，保持恆溫不僅不會產生波來鐵，也因材料各部份的冷卻速率大致相同，不容易形成不均勻的熱應力，又因變態的速度也較一致，而不容易發生變形或裂痕，這種處理方式叫恆溫處理。常見的恆溫熱處理有沃斯回火，麻回火及麻淬火，這裡僅介紹沃斯回火。

二、沃斯回火

沃斯回火，如圖 18.1，乃是將鋼鐵材料在形成波來鐵與麻田散鐵之間的溫度，即變韌鐵區域，作恆溫處理，其操作過程包括：

1. 加熱至沃斯田鐵化溫度。
2. 淬火於一恆溫槽，其溫度通常在 250℃至 500℃之間。
3. 使工作物在槽中恆溫變態而成變韌鐵。
4. 冷卻至室溫，通常空冷即可。

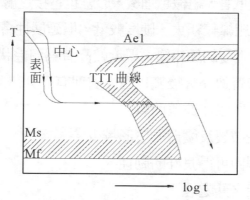

圖 18.1　沃斯回火相變化示意圖

沃斯回火主要目的是在增加鋼料之延展性與韌性。表 18.1 為 AISI 1095 鋼經三種不同恆溫處理後的機械性質。

表 18.1　AISI 1095 鋼經三種熱處理後的機械性質

試片	熱處理	硬度 (HR$_C$)	衝擊值 (kg-m)	延伸率 (%)
1	水淬－回火	53.0	1.65	0
2	麻回火－回火	52.8	3.32	0
3	沃斯回火	52.5	6.53	10

真正的沃斯回火必需由沃斯田鐵化溫度急冷至沃斯回火溫度區域,以避免在冷卻過程中沃斯田鐵分解成波來鐵或肥粒鐵,並且在恆溫槽中的時間需夠長,使沃斯田鐵可完全轉換為變韌鐵。因為斷面積太大的物件,其內部冷卻速率較慢,通常難以達到沃斯回火的要求,而需適當添加合金來提高其硬化能力。

沃斯回火的溫度區間從 C 曲線鼻部到 Ms 點之間範圍達 300℃,不同溫度的恆溫變態會影響材料相變化速率及變態後顯微結構的形態。

一般來說溫度越低者,組織越細緻,形態也越接近麻田散鐵,具有較高硬度;變態溫度較高者組織較粗大,硬度較低,但延展性會較高,而在形態上,溫度較低者為針狀的下變韌鐵組織,溫度較高者為羽毛狀的上變韌鐵組織。

沃斯回火處理較普通淬火後施以回火處理有下列優點:

1.　操作一次即可,所以作業較簡單。

2.　淬火過程中發生破裂及變形的情形較少。

3.　在相同硬度範圍內可得良好的韌性。

4.　適合於多量生產之熱處理。

沃斯回火處理在工業上應用時最大的問題不是鋼材的種類,而是處理件的大小。沃回火處理時,從沃斯田鐵溫度急冷至恆溫槽之間必須保持 100% 的沃斯田鐵而不能分解成波來鐵或肥粒鐵,但這常因工件大小不同,會有不同的冷卻速率。如圖 18.2 所示,在圖中鋼材 I 之 C 曲線的鼻端時間較短,冷卻速率為曲線 a 時,可以順利通過而不發生波來鐵或肥粒鐵變態,使過冷沃斯田鐵全部轉變為變韌鐵。

但是冷卻速率為曲線 b 時,一部分會起波來鐵變化,不能全部變為變韌鐵組織。但是如為鋼材 II,若冷卻速率仍是曲線 b 時,因其鼻端時間較長,所以可全部變為變韌鐵組織。鼻端時間愈長的鋼,其冷卻速率較慢亦可成為變韌鐵組織。又鼻端時間愈長，處理零件之尺寸亦可隨之增加。可見沃斯回火的溫度與時間是視其鋼材的 C 曲線來決定的，因此熱處理作業人員必須精通各鋼材的 C 曲線。

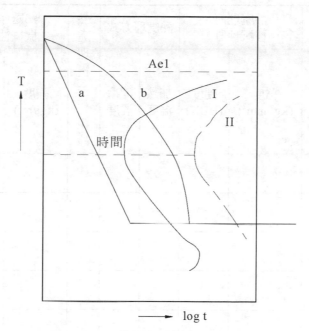

圖 18.2　C 曲線與冷卻速率的關係圖

18.4　實驗方法

1. 將鋼棒與鑄鐵各二支分別在沃斯田鐵化後淬火於水中。
2. 從淬火鋼棒與鑄鐵上切下一小段測試其硬度並觀察金相。
3. 鋼棒與鑄鐵各二支沃斯田鐵化後，一支淬冷至 400℃，另一支淬冷至 300 ℃恆溫爐中作沃斯回火處理。
4. 從沃斯回火鋼棒與鑄鐵上切一小段，測試其硬度並觀察金相。

18.5 實驗結果與記錄

表 18.2 材料經熱處理前後機械性質變化記錄表

原材質名稱	規格	熱處理前金相組織	熱處理前機械性質		熱處理方式		熱處理後金相組織	熱處理後機械性質		備註
			強度 (kgf/mm²)	硬度 (HBN)	加熱溫度	淬冷溫度		強度 (kgf/m²)	硬度 (HBN)	

18.6 問題與討論

1. 沃斯回火有何優缺點？

2. 做沃斯回火處理時，應注意之事項有那些？

3. 繪出沃斯回火溫度與硬度的變化曲線並用顯微結構作說明。

18.7　進一步閱讀的資料

1. 林本源等著 "熱處理"，1994，高立圖書公司。
2. 黃振賢著 "金屬熱處理"，1996，文京圖書公司。
3. 林樹均等著 "材料工程實驗與原理"，1995，全華圖書公司。
4. 楊義雄譯 "熱處理 108 招祕訣"，1995，機械技術出版社。
5. 大和久重雄 "S 曲線－熱處理恆溫變態曲線"，1977，正言出版社。
6. 余煥騰著 "鋼之熱處理技術"，六合出版社

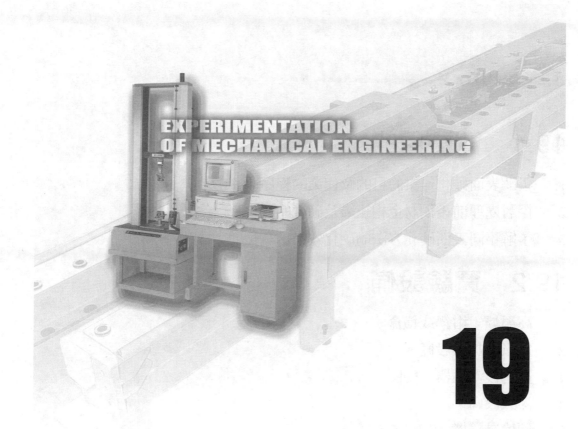

EXPERIMENTATION
OF MECHANICAL ENGINEERING

19

表面硬化處理

19.1　實驗目的

1. 了解表面硬化作業的目的及作業的程序。
2. 探討處理前後鋼材金相組織及硬度的變化。
3. 了解不同表面硬化方法的硬化效果。

19.2　實驗設備

1. 高溫爐，坩鍋或鐵盒。
2. 氫氧焰加熱設備。
3. 高週波產生器，線圈。
4. 淬火設備。
5. 硬度試驗機

19.3　實驗原理

　　表面硬化之目的在於加強表面之磨耗抵抗或增加表面強度以抵抗疲勞。有些鋼材組件表皮(case)須有高硬度，而心部(core)須有韌性。表面硬化法即可達到此種需要。表面硬化熱處理能擴展某些鋼料的用途，得到其他方法無法容易得到的綜合性質。在眾多應用中，磨耗或最嚴苛之應力常作用在工件表面上，因此零件採用低或中碳鋼經成型加工後，需再實施表面硬化熱處理。另外與整體硬化熱處理相比較，尤其是對大型工件而言，表面硬化可減少工件變形或破裂的發生。表面硬化技術亦可針對零件某些特定區域實施局部硬化。

本章主要討論兩種型式之表面硬化：

1. 物理表面硬化法，不改變表面成分，例如，火焰硬化、高週波表面硬化。
2. 化學表面硬化法，會改變表面成分，例如滲碳、氮化熱處理等。表 19.1 詳列有表面硬化法的分類。

表 19.1　表面硬化法的分類

表面硬化的分類		主要的表面硬化法	
		分類	一般的名稱
表面層變成法	化學方法：從表面滲透擴散元素，而改變表面層的化學成分及組織	以滲透擴散的元素分類 C	滲碳法
		N	氮化法
		C，N	滲碳氮化法
		S	滲硫法
		B	硼化法
		金屬元素	金屬滲透法
	物理方法：不改變的化學成分，只改變表面層的組織	以加熱方法分類 火焰	火焰硬化
		高週波	高週波硬化
		雷射	電射表面硬化法
		電子束	電子束表面硬化法
表面被覆法	金屬被覆	熔融金屬的熔著	Hard facing
		水溶液中的電鍍	電鍍
	蒸著被覆	利用氣體的化學反應蒸著	CVD 法
		在眞空中蒸發金屬的蒸著	PVD 法
	非金屬被覆	陶瓷，瓷金等的被覆	Plasma coating

以下就火焰硬化法，高週波感應表面硬化法及滲碳法三種處理方式作分別說明。

一、火焰硬化法

　　火焰硬化法是用氧乙炔或氫氧火炬加熱使鋼之表面沃斯田鐵化後，馬上用水淬冷之過程。所得結果表面層是硬的麻田散鐵組織而心部是較軟之肥粒鐵與波來鐵混合組織。因為其成份本質上沒有改變，故實施火焰硬化之工件材料必須具有適當之含碳量，以確保表面之硬度。當然，加熱速率與熱傳進材料內部對表面硬化深度之影響，比鋼材擁有硬化能的影響更大。

二、高週波感應表面硬化

　　感應加熱可以提供多種硬化方式，如均勻表面硬化，局部表面硬化，整體硬化、硬化工件之回火等。高週波感應加熱是將鋼件置於一通以高週波交流感應器(通常為一水冷銅感應線圈)，快速建立交變磁場，由鋼工件切割磁力線誘生電流，由此誘生電流產生熱。

　　感應熱量(H)的大小為 $H = I^2 R$，R 為鋼料電阻。感應加熱可依線圈形狀之設計，線圈之匝數，操作頻率及交流電輸入功率大小之不同而建立各種加熱型樣(pattern)。圖 19.1 為用不同型式之線圈與加熱型樣。

　　加熱的深度與交流電頻率高低有很大的關係。頻率愈高，加熱深度就愈淺。故要得到較深之硬化深度或整體硬化時，必須採用低頻率。

　　如同火焰表面硬化一樣，本質上，感應加熱也不會改變鋼料的化學成分。欲施高週波表面硬化的鋼料，必須含有適量的碳及合金，以確保得到所需表面硬度分布。通常碳鋼選用中碳或高碳鋼，主要是這些鋼料能使表面得到高強度與高硬度，藉此提高其表面耐磨及疲勞強度。經過表面硬化之鋼料，表面會誘生殘留壓縮應力，故其疲勞強度比整體硬化且經回火的工件更大。因為整體硬化處理者表面會有殘留拉應力。感應加熱得到越深之硬化深度時，則其表面愈像整體硬化所得之應力分布，亦即太深之硬化表面深度，會使表面得到有害之殘留拉應力而導致鋼件易發生破裂。

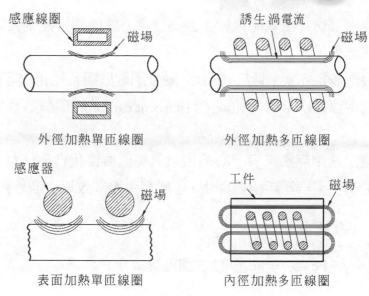

感應線圈　　磁場

外徑加熱單匝線圈

誘生渦電流　　磁場

外徑加熱多匝線圈

感應器　　磁場

表面加熱單匝線圈

工件　　磁場

內徑加熱多匝線圈

圖 19.1　不同感應線圖所產生之磁場與誘生之渦電流

三、滲碳

　　所謂滲碳就是使低碳鋼曝置於適當氛圍中，加熱至沃斯田鐵相區，使表面含碳量增加，再經淬火後得到麻田散鐵而硬化之的一種熱處理過程。普通碳鋼或合金鋼滲碳後，表面必須滲入足夠含碳量，以確保淬火後得到最大麻田散鐵硬度。但如果表面含碳量太多會形成複雜碳化物，也會導致麻田散鐵脆化及產生大量的殘留沃斯田鐵。故一般滲碳時，表面含碳量控制在 0.8～1.0%之間，滲碳溫度最常實施範圍為 850～950℃。有時可利用較高溫度滲碳，以節省整個滲碳時間，或得到較深且含碳量高的滲碳層。

　　滲碳時，有兩個重要製程因素會影響碳滲入沃斯田鐵中：一為爐氣氛反應導致鋼的表面吸附碳；另一為碳從鋼表面滲入內部之擴散速率。如果滲碳的效果是由氣體反應而生成者稱為氣體滲碳；如果由鹽浴生成者稱為液體滲碳；如果由固體化合物生成稱為固體滲碳。不管那一種，皆有其優缺點，但是大量生產時大部份採用氣體滲碳，因為這種方式能精密控制表面含碳量及需較少的特殊處理。

　　固體滲碳劑多為木炭、骨灰、革炭、鹼金屬碳酸鹽及氯化物等配合而成。木炭是滲碳劑中直接供給初生態碳[C] (nascent carbon)，碳酸鹽及氯化物則多做觸媒之用。

　　凡是固體滲透劑無觸媒者，必須由氧氣與碳直接化合為 CO，然後再由一氧化碳產生初生碳與沃斯田鐵作用，才能發生滲碳效果。其化學反應如下：

$$2C + O_2 \rightarrow 2CO \tag{19.1}$$
$$2CO \rightarrow CO_2 + [C] \ \text{初生態碳} \tag{19.2}$$
$$[C] + \gamma - Fe \rightarrow \gamma - Fe \text{ 中的 C 濃度提高} \tag{19.3}$$

在滲碳時(23.2)式中所生之 CO_2 又可與未變化之碳發生作用

$$CO_2 + C \rightarrow 2CO \tag{19.4}$$

　　事實上(19.4)為(19.2)式的逆向反應，不同的是(19.2)式的碳是初生態碳[C]，有活潑化學性能，生成[C]後即為沃斯田鐵所吸收；(19.4)式的碳則取自滲碳劑中。

　　固體滲碳劑中有觸媒、碳酸鹽、氯化物、及氰化物等，則先由觸媒在滲碳溫度產生 CO_2，再由 CO_2 與滲碳劑中之碳起作用而生 CO，再由 CO 產生初生態碳，最後則與沃斯田鐵作用而完成加強之作用。化學反應如下：

$$MCO_3 \rightarrow MO + CO_2 \tag{19.5}$$
$$CO_2 + C \rightarrow 2CO \tag{19.6}$$
$$2CO \rightarrow CO_2 + [C] \tag{19.7}$$
$$[C] + \gamma - Fe \rightarrow \gamma - Fe \text{ 中的 C 濃度提高} \tag{19.8}$$

　　　上式也可用來比較有無觸媒之反應，因(19.6)式比(19.1)式在溫度 850～900℃易生成 CO，因此可知滲碳劑加入觸媒劑可加速滲碳反應。同時由(19.7)式可知生成 CO_2 在滲碳時亦有反覆傳遞碳的作用。

　　　滲碳層深度因工件鋼料，滲碳劑種類，滲碳溫度及時間而定。若溫度為一定，滲碳層深度 d 與時間之關係為 $d = K\sqrt{t}$，K 是常數視鋼料、滲碳劑種類及溫度而定。

19.4　實驗方法

1.　取五塊直徑 20mm，高度 50mm 的 AISI 8620 為試片。
2.　其中一塊以氧乙炔焰或氫氧焰直接加熱到表面呈紅色後淬入水中。
3.　一塊纏繞線圈後，設定恰當條件行高週波加熱後淬入水中。
4.　將三塊 AISI 8620 鋼置入含有滲碳劑，80%木炭及 20%碳酸鋇均勻混合，之封閉鐵盒中，或用泥土封之。
5.　將鐵盒置入爐中，在 920℃加熱 2、4、7 小時。爐內溫度分布最好先量測一下，再放置於適當的地方。
6.　將表皮硬化過之試片切下適當大小做為金相試片。
7.　利用金相技術，研磨並腐蝕切割面。
8.　觀察並拍攝每一試片邊緣硬化部分的照片，並與原素材比較之。
9.　利用微硬度試驗機，從試片表面往心部逐步量測其硬度值以繪製硬化深度曲線。

19.5 注意事項

1. 鋼材滲碳部分之表面應保持光潔，不能有油垢或鐵銹，以阻礙碳的滲入。

2. 滲碳劑應混合均勻，鋼料與鋼料之距離，宜有 3cm 左右之間隔，才不致於滲碳不均勻。

3. 滲碳溫度不可上下波動太大。

4. 採用木炭為滲碳劑時，須去除木炭外皮。採用骨灰為滲碳劑時磷及硫這二種有害雜質之成分愈低愈好。

5. 滲碳劑以木炭為主體時，需再添加促進劑(promoter)或稀釋劑之焦碳等。滲碳劑必須具備下列性質：

    (1) 滲碳力強。

    (2) 經長時間之滲碳亦可持續其滲碳力。

    (3) 反覆使用，其滲碳力也不致於減退。

    (4) 磷及硫含量少，無吸濕性。

    (5) 加熱到滲碳溫度時，容積減少小，且不會附著在鋼的表面。

    (6) 破碎後不易成粉狀，具有適當之強度。

6. 滲碳用鋼一般稱為表面硬化鋼，必須具備如下之條件：

    (1) 由滲碳目的可知，淬火硬化後必須保持心部之韌性，所以須使用低碳鋼。

    (2) 滲碳處理在 900～1000℃之高溫下處理較不易發生晶粒粗大化。

    (3) 硬化層硬度高，耐磨性，耐疲勞性要良好。

    (4) 不得含有妨礙滲碳之元素，對於容易造成游離碳化物的元素愈少愈好。

    (5) 淬火及回火性質好，加工性良好，製造容易，價格便宜。

    (6) 滲碳後必須施以熱處理，熱處理時須注意脫碳，變形及破裂等問題。

19.6　實驗結果與記錄

表 19.2　火焰硬化實驗結果記錄表

試片材質	前處理方式	試片編號	火焰硬化		後續處理方式	表面硬度值	有效硬化深度
			時間	冷卻方式			

表 19.3　高週波硬化實驗結果記錄表

試片材質	前處理方式	試片編號	高週波硬化		後續處理方式	表面硬度值	有效硬化深度
			時間	冷卻方式			

表 19.4　滲碳實驗結果記錄表

試片材質	前處理方式	試片編號	滲碳			後續處理方式	表面硬度值	有效硬化深度
			溫度	時間	冷卻方式			

19.7　問題與討論

1. 比較上述三種表面硬化法的最大硬度值。
2. 比較上述三種表面硬化法在指定硬度值的有效硬化深度並輔以金相顯微照片作說明。
3 計算擴散深度是否與$(Dt)^{1/2}$成比列，其中 D 為擴散係數，t 為時間(sec)。

19.8　進一步閱讀的資料

1. 林本源等著 "熱處理"，1994，高立圖書公司。
2. 黃振賢著 "金屬熱處理"，1996，文京圖書公司。
3. 林樹均等著 "材料工程實驗與原理"，1995，全華圖書公司。
4. 楊義雄譯 "熱處理 108 招祕訣"，1995，機械技術出版社。
5. Metals Handbook, 9th ed. ,Vol.8 ,1985 ,ASM.
6. 賴耿陽譯 "鋼鐵表面處理"，復漢出版社。
7. 王龍祥譯 "鋼鐵表面處理學"，復文書局。

國家圖書館出版品預行編目(CIP)資料

機械材料實驗 / 雷添壽,林本源,溫東成 編著.
-- 初版. – 新北市：全華圖書,2012.9.
面；　公分
ISBN 978-957-21-8627-5(平裝)

1. 機械力學　2.實驗

446.11034　　　　　　　　　　101012644

機械材料實驗

作者 / 雷添壽、林本源、溫東成

執行編輯 / 蘇千寶

發行人 / 陳本源

出版者 / 全華圖書股份有限公司

郵政帳號 / 0100836-1 號

印刷者 / 宏懋打字印刷股份有限公司

圖書編號 / 0398301

二版二刷 / 2014 年 05 月

定價 / 新台幣 320 元

ISBN / 978-957-21-8627-5　(平裝)

全華圖書 / www.chwa.com.tw

全華網路書店 Open Tech / www.opentech.com.tw

若您對書籍內容、排版印刷有任何問題，歡迎來信指導 book@chwa.com.tw

臺北總公司(北區營業處)
地址：23671 新北市土城區忠義路 21 號
電話：(02) 2262-5666
傳真：(02) 6637-3695、6637-3696

中區營業處
地址：40256 臺中市南區樹義一巷 26-1 號
電話：(04) 2261-8485
傳真：(04) 3600-9806

南區營業處
地址：80769 高雄市三民區應安街 12 號
電話：(07) 381-1377
傳真：(07) 862-5562

歡迎加入 全華會員

● 會員獨享

會員享購書折扣、紅利積點、生日禮金、不定期優惠活動…等。

● 如何加入會員

填妥讀者回函卡直接傳真 (02) 2262-0900 或寄回，將由專人協助登入會員資料，待收到 E-MAIL 通知後即可成為會員。

全華網路書店 全華書籍

如何購買

1. 網路購書

全華網路書店「http://www.opentech.com.tw」，加入會員購書更便利，並享有紅利積點回饋等各式優惠。

2. 全華門市、全省書局

歡迎至全華門市（新北市土城區忠義路 21 號）或全省各大書局、連鎖書店選購。

3. 來電訂購

(1) 訂購專線：(02) 2262-5666 轉 321-324
(2) 傳真專線：(02) 6637-3696
(3) 郵局劃撥（帳號：0100836-1　戶名：全華圖書股份有限公司）
※ 購書未滿一千元者，酌收運費 70 元。

OpenTech.com.tw
全華網路書店

全華網路書店 www.opentech.com.tw
E-mail: service@chwa.com.tw

※ 本會員制如有變更則以最新修訂制度為準，造成不便請見諒。